Zu diesem Buch

Zu diesem Buch

Aus der Farbe des Abendhimmels schließen wir auf das Wetter von morgen. Aus dem, was wir von einer Person wissen, auf das, was wir dieser Person zutrauen; aus Indizien auf Täter; aus Nachrichten auf zukünftige Börsenkurse. Was so schlüssig klingt, kann trotzdem falsch sein, lautet die Quintessenz der Autoren. Denn durch Verallgemeinerung von Information und verinnerlichte Denkraster ist uns der Blick auf die eigentliche Aussage von Statistiken oft verstellt. Dass dies fatale Folgen im Zusammenhang mit Rechtsprechung, Medizin und Wissenschaft haben kann, ist die ernste Komponente dieses ansonsten hoch vergnüglichen Buches für Querdenker, die es genießen, sich durch skeptisches Denken den Kopf verdrehen zu lassen.

Prof. Dr. Hans-Peter Beck-Bornholdt und Privatdozent **Dr. Hans-Hermann Dubben**, bekannt durch ihr vergnügliches Umdenkbuch «Der Hund, der Eier legt» (science 61154), lehren am Institut für Allgemeinmedizin des Universitätsklinikums Hamburg-Eppendorf. Beide sind von Haus aus Physiker. Sie haben verschiedene akademische Preise erhalten, unter anderem 1996 den Fischer-Appelt-Preis der Universität Hamburg für hervorragende Lehrleistungen.

Hans-Peter Beck-Bornholdt
Hans-Hermann Dubben

Der Schein der Weisen

Irrtümer und Fehlurteile im täglichen Denken

Rowohlt Taschenbuch Verlag

rororo science
Lektorat Angelika Mette

4. Auflage April 2005

Veröffentlicht im Rowohlt Taschenbuch Verlag,
Reinbek bei Hamburg, April 2003

Fachliche Beratung der Reihe Eva Ruhnau,
Humanwissenschaftliches Zentrum,
Ludwig-Maximilians-Universität, München
Umschlaggestaltung any.way, Barbara Hanke
(Illustration: Hans-Hermann Dubben)
Satz Sabon und Futura PostScript PageMaker
bei Pinkuin Satz und Datentechnik, Berlin
Druck und Bindung Clausen & Bosse, Leck
Printed in Germany
ISBN 3 499 61450 2

Inhalt

Teil 4 Am Ende ein neuer Anfang

Kein Test, der auf einer Wahrscheinlichkeitstheorie beruht, kann von sich aus nützliche Belege für die Richtigkeit oder Unrichtigkeit einer Hypothese liefern.

Jerzy Neyman und Egon Pearson

Philos. Trans. R. Soc. London A 231:289–337, 1933.

Vorwort

Wenn uns im Übrigen eine Reihe gigantischer Irrtümer unterlaufen wird, werden wir uns in bester Gesellschaft befinden.
Stanislaw Lem

Aus der Farbe des Abendhimmels wird auf das Wetter von morgen geschlossen; aus dem, was wir über eine Person wissen, auf das, was wir dieser Person zutrauen; aus Nachrichten auf zukünftige Börsenkurse; aus wissenschaftlichen Daten auf eine Gesetzmäßigkeit. Allgemeiner formuliert: Aus aktuellen Informationen schließen wir darauf, mit welcher Wahrscheinlichkeit dieses oder jenes Ereignis in der Zukunft eintreten wird. Vor Gericht und in der Archäologie wird auf Ereignisse in der Vergangenheit geschlossen.

Wir bedienen uns bei diesen Schlussfolgerungen der Wahrscheinlichkeitslogik, die sich von der uns viel vertrauteren deterministischen Wenn-dann-Logik unterscheidet. Obwohl dieser Unterschied schon seit über 200 Jahren bekannt ist, wird er selbst in der Wissenschaft erfolgreich und folgenreich verdrängt. Zugegeben, es scheint alles viel einfacher, wenn man den Unterschied schlicht ignoriert. Das wissen wir aus eigener Erfahrung. Die mögliche Konsequenz sind falsche Schlüsse mit unter Umständen fatalen Folgen, wenn zum Beispiel medizinische Entscheidungen oder Gerichtsurteile auf diesem Denkfehler beruhen.

Wir wünschen uns skeptische, kritische Leser. Glauben Sie uns nichts. Kontrollieren Sie alles, was Ihnen wichtig erscheint. Und wenn Sie einen Fehler finden, so lassen Sie ihn uns bitte wissen.[1]

Hamburg, im Juli 2001

Hans-Peter Beck-Bornholdt
Hans-Hermann Dubben

---

1 Institut für Allgemeinmedizin Universitätsklinikum Hamburg-Eppendorf, Martinistraße 52, 20246 Hamburg. bebo@uke.uni-hamburg.de und dubben@uke.uni-hamburg.de.

Teil 1
Der Anfang vom Ende

In mehreren kurzen Geschichten aus dem Alltag erfahren wir, dass die vertraute Wenn-dann-Logik zu falschen Schlüssen führen kann. Wenn eine Ursache nicht immer eine bestimmte Wirkung hat (wenn ich bade, werde ich nass), sondern nur manchmal (wenn es regnet, werde ich manchmal nass), dann muss eine etwas andere Logik her: die Wahrscheinlichkeitslogik. Sie wird im Teil 1 eingeführt. Dabei erfahren wir auch etwas über grundsätzliche Fehlschlüsse und die meist unterschätzte Bedeutung von Vorinformationen, und wir lernen, wie man Informationen quantitativ verknüpft.

Die Grundlage ist das Fundament der Basis.
Le Corbusier

1. Gruß ins Blaue

Zwei grundsätzlich verschiedene Arten des logischen Schließens, die probabilistische und die deterministische Logik, werden miteinander verglichen. Die wichtigen Begriffe «Fehler erster Art» und «Fehler zweiter Art» werden eingeführt.

Eine Katze hat einen Schwanz mehr als keine Katze.
Keine Katze hat sieben Schwänze.
Also hat eine Katze acht Schwänze.

Wenn Matthias im Garten ist und seine attraktive Nachbarin vorbeifährt, winkt er ihr zu. Glaubt er jedenfalls. Tatsächlich grüßt er einen blauen Golf und den Himmel, der sich in seinen Scheiben spiegelt. Die Nachbarin kann er meistens gar nicht erkennen. Aber er wohnt in einer ruhigen Sackgasse am Stadtrand von Hamburg. Der einzige dort ansässige blaue Golf gehört Marina. Und wenn der durch die Straße fährt, dann sitzt auch Marina am Steuer. Ganz selten verirrt sich mal ein anderer blauer Golf in die Gasse. Also winkt Matthias. In der Innenstadt käme er niemals auf die Idee, einen blauen Golf zu grüßen, es sei denn, er hätte seine Nachbarin eindeutig erkannt.

Der Nachbar am Ende der Gasse grüßt Marina ebenfalls, indem er kurz nickt. Allerdings tut er dies auch in der Innenstadt. Neulich stand er an der Hauptstraße und bewegte stundenlang den Kopf wie ein Specht. Nein, verrückt ist er nicht. Es handelt sich um Doktor Thomas Vielgut, den hoffnungsvollen Nachwuchsforscher. Bei seinen medizinischen Untersuchungen hat er sich eine Denkweise zu Eigen gemacht, die ihm keine andere Möglichkeit lässt, als bei jedem blauen Golf zu nicken, in der Annahme, Marina sitze darin.

Doktor Vielguts Denkweise ist in der Forschung weit verbreitet. Sie ist gegenwärtig die anerkannte Art, aus Beobachtungen etwas zu folgern, und hat Vielguts zukunftsträchtige Wissenschaftlerkarriere überhaupt erst möglich gemacht. Wir müssen uns also weniger um des Doktors strapazierten Hals sorgen als vielmehr um unseren eigenen Kragen. Schließlich sollen und werden wir eines Tages die Früchte seiner medizinischen Forschung ernten und schlucken.

Wie sieht diese Denkart aus, die unseren Doktor wissenschaftlich so erfolgreich macht, im Alltag aber verrückt erscheinen lässt? Wen noch bringt diese Denkart dazu, irrational zu entscheiden und zu handeln, und in welchen Situationen? Davon handelt dieses Buch.

Zurück zu Marina und ihrem Auto. Blaue Golfs sind alles andere als selten. Wenn Matthias in seiner Straße einen fahrenden blauen Golf grüßt, ohne die Nachbarin erkannt zu haben, dann könnte er auch einen Irrtum begehen. Denn hin und wieder fahren Fremde durch die Gasse, und manche von ihnen sitzen ebenfalls in einem blauen Golf. Solch einen Wagen zu grüßen, nennt man in der Wissenschaft einen *Fehler erster Art*[1]. Matthias denkt, es sei Marina, sie ist es aber nicht. Der Wissenschaftler denkt, er hätte etwas entdeckt, hat er aber nicht. Tatsächlich ist er auf ein Zufallsergebnis gestoßen, das sich nicht ohne weiteres wiederholen lässt.

---

1 Werden beispielsweise zwei absolut gleichwertige Medikamente miteinander verglichen, so ist es sehr unwahrscheinlich, dass man für beide Medikamente exakt dasselbe Ergebnis erhält. Zufällige Schwankungen führen im Allgemeinen dazu, dass die Resultate unterschiedlich ausfallen. Der Fehler erster Art liegt dann vor, wenn man nach einem solchen Vergleich eines der Medikamente für besser hält, obwohl in Wirklichkeit beide gleichwertig sind. Im Jargon der Statistik ist der Fehler erster Art *die Ablehnung der Nullhypothese, obwohl die Nullhypothese wahr ist.* Nicht verstanden? Macht überhaupt nichts. Die Definition steht nur für diejenigen da, die sie gerne haben wollen, und soll ihnen die Mühe des Nachschlagens ersparen.

Rote Ladas, gelbe Hyundais, grüne Twingos ... sie alle lassen Matthias völlig kalt. «Kein blauer Golf» bedeutet für ihn «keine Marina». Vorsicht, Matthias, das war im Wissenschaftsjargon ein *Fehler zweiter Art*[2], denn soeben fuhr Marina in einem weißen Polo vorbei. Ihr blauer Golf ist in der Werkstatt, und sie hat heute einen Leihwagen. Auf den Fehler zweiter Art fällt der Wissenschaftler herein, wenn er beispielsweise ein Medikament für nebenwirkungsfrei hält, das aber tatsächlich bei etwa einem Prozent der Patienten eine gefährliche allergische Reaktion auslöst. Da er das Medikament aber nur an 20 Patienten getestet hat, hatte er gute Chancen, diese wichtige Nebenwirkung zufällig zu übersehen.[3]

In Hamburgs Innenstadt gibt es ziemlich viele Autos und entsprechend viele blaue Golfs. Wenn Matthias also aufs Geratewohl allen blauen Golfs in der Stadt zuwinkt, dann wird er so gut wie nie Marina grüßen und fast jedes Mal einen Fehler erster Art begehen. Also grüßt er vernünftigerweise gar keinen blauen Golf in der Innenstadt. Das kann er sich in seiner Gasse allerdings nicht leisten, denn wenn dort ein blauer Golf vorbeifährt, dann sitzt praktisch immer seine Nachbarin im Wagen.

---

2 Werden beispielsweise zwei Medikamente miteinander verglichen, von denen eines wirksamer ist als das andere, so kann der Unterschied unter Umständen so gering ausfallen, dass man ihn für eine zufällige Schwankung hält. Es kann sogar vorkommen, dass das bessere Medikament schlechter abschneidet. Der Fehler zweiter Art liegt dann vor, wenn man nach einem solchen Vergleich beide Medikamente für gleichwertig hält, obwohl in Wirklichkeit eines von ihnen besser ist. Im Jargon der Statistik ist der Fehler zweiter Art *die Nullhypothese zu akzeptieren, obwohl die Nullhypothese falsch ist.*

3 Da die Wahrscheinlichkeit für die gefährliche allergische Reaktion ein Prozent beträgt, ist die Wahrscheinlichkeit, dass sie bei einem bestimmten Patienten nicht auftritt, 99 Prozent. Die Wahrscheinlichkeit, dass keiner von 20 untersuchten Patienten eine gefährliche allergische Reaktion hat, beträgt $0{,}99^{20} = 0{,}82$ oder 82 Prozent. Die Chance, eine so seltene Reaktion mit 20 Patienten zu beobachten, liegt also bei lediglich 18 Prozent ($100 - 82 = 18$).

Auf hundert blaue Golfs kommt hier nur einer ohne sie, schätzen wir. Aber in der Innenstadt kommen auf tausend blaue Golfs etwa 999 ohne Marina. Die Wahrscheinlichkeit der Nachbarin am Steuer blauer Golfs ist in der Sackgasse sehr hoch, in der Innenstadt dagegen sehr gering. Bei hoher Wahrscheinlichkeit läuft man kaum Gefahr, irrtümlich einen Fremden zu grüßen, während man bei niedriger Wahrscheinlichkeit fast nur Fremde grüßen würde. Deshalb lässt es Matthias in der Innenstadt bleiben.

	In seiner Sackgasse	In der Hamburger City
Nachbarin am Steuer	99 %	0,1 %
Nachbarin nicht am Steuer	1 %	99,9 %

Tabelle 1: Matthias' Nachbarin fährt einen blauen Golf. Die Wahrscheinlichkeit, dass sie am Steuer sitzt, hängt davon ab, wo er den blauen Golf sieht. Die angegebenen Zahlen sind natürlich nur Schätzwerte.

Schräg gegenüber von Matthias wohnt Andreas. Er fährt ein Feuerwehrauto aus den fünfziger Jahren. Oben ist sogar noch die Leiter drauf, und auf beiden Seiten steht groß «Paulchen» geschrieben. Paulchen ist einfach einmalig. Wenn Matthias Paulchen in der Innenstadt begegnet, dann winkt er.

Im letzten Frühjahr war Matthias in Rom. Er saß in einem Straßencafé, Auge in Auge mit einer Unzahl von Motorrollern und 500 Cinquecenti. Als sich überraschend Paulchen ein paar Meter entfernt aus einer Seitenstraße quälte, hat er gleich einen Cappuccino für Andreas bestellt. Wo «Paulchen» draufsteht, kann nur Andreas drin sein, und so war es auch. Die Wahrscheinlichkeit, dass Andreas am Steuer sitzt, beträgt 100 Prozent, egal wo.

Es ist vernünftig, sich bei Paulchen grußtechnisch anders zu verhalten als bei einem blauen Golf. Paulchen ist einmalig auf

	In der Sackgasse	In der Hamburger Innenstadt	In Rom
Andreas am Steuer	100 %	100 %	100 %
Andreas nicht am Steuer	0 %	0 %	0 %

Tabelle 2: Matthias' Nachbar Andreas fährt das Feuerwehrauto Paulchen. Die Wahrscheinlichkeit, dass er am Steuer sitzt, hängt nicht davon ab, wo Matthias Paulchen sieht. Dabei durften wir außer Betracht lassen, dass jemand Paulchen klauen könnte, denn nur Andreas weiß, wo man hintreten muss, damit er anspringt.

der Welt, blaue Golfs gibt es zu Tausenden. In Rom einem blauen Golf aufs Geratewohl zuzuwinken wäre noch unsinniger als in der Hamburger Innenstadt.

Während wir beim Grüßen von Andreas nach der klassischen, deterministischen Logik verfahren können, weil Paulchen einmalig ist, müssen wir bei Marina eine andere, nämlich die Wahrscheinlichkeitslogik anwenden, denn blaue Golfs gibt es viele. Diese beiden Arten des Schließens unterscheiden sich grundsätzlich, werden aber häufig verwechselt. Während die Aussagekraft des Indizes «blauer Golf» für die Tatsache «Marina ist am Steuer» davon abhängt, wo wir uns befinden, das heißt von der Wahrscheinlichkeit, dass sich Marina an einem bestimmten Ort aufhält (Tabelle 1), ist die Aussagekraft von «Paulchen» für die Tatsache «Andreas ist am Steuer» immer 100-prozentig (Tabelle 2).

Doktor Thomas Vielguts wunderliches Spechtverhalten ist darauf zurückzuführen, dass er diesen Unterschied nicht beachtet. Dies ist erstaunlich, denn die Wahrscheinlichkeitslogik spielt in vielen Lebenssituationen eine zentrale Rolle, wie wir in diesem Buch an zahlreichen verschiedenen Beispielen zeigen werden. Auch und gerade bei der Erstellung einer Diagnose berücksichtigt der praktizierende Mediziner die Wahrscheinlichkeitslogik. Wie das vor sich geht, werden wir in einem späteren

Kapitel anhand der Krebsfrüherkennung ausführlich besprechen. In der medizinischen Forschung wird die Wahrscheinlichkeitslogik dagegen schlicht ignoriert. Deshalb vermutet Forscher Doktor Vielgut in *jedem* blauen Golf Marina, womit er fast immer falsch liegt – je nachdem, wo er sich gerade befindet. Er glaubt auch, jedes «statistisch signifikante» Ergebnis (keine Angst, das wird auch noch erklärt, und zwar in Kapitel 16) verweise auf eine gesicherte neue medizinische Erkenntnis, womit er ebenfalls fast immer falsch liegt – je nachdem, auf welchem medizinischen Gebiet er gerade forscht. Vielgut ist nicht allein. Ganze Heerscharen von Wissenschaftlern stehen am Straßenrand und grüßen und grüßen und grüßen. Die meisten sind fest davon überzeugt, dass sie sich streng logisch verhalten und zum wissenschaftlichen Fortschritt beitragen. Die anderen, die nicht daran glauben, spielen trotzdem mit, weil es opportun ist.

Um zu verstehen, welches die blauen Golfs der Wissenschaft sind, müssen wir etwas ausholen. Wir werden dabei zunächst verschiedene einfache und mehr oder weniger harmlose Alltagsgeschichten erzählen, um uns und Sie mit der Wahrscheinlichkeitslogik vertraut zu machen. Später wird es kriminalistisch und schon brisanter. Die ernüchternde Besichtigung des Fundaments der Wissenschaft kommt erst, wenn wir das notwendige Rüstzeug und den erforderlichen Mut beisammenhaben. Zum Schluss beschreiben wir eine Strategie, die uns zurzeit ein erwägenswerter Ausweg aus dem Dilemma zu sein scheint. Aber jetzt wollen wir erst mal Spaß haben und uns ins syldavische Nachtleben stürzen.

2. High moon in Syldavien: Ein Mann sieht blau

Zwei unabhängige Informationen über ein Ereignis werden quantitativ miteinander verknüpft – mit überraschendem Ergebnis.

Irrtümer haben ihren Wert; jedoch nur hie und da.
Nicht jeder, der nach Indien fährt, entdeckt Amerika.
Erich Kästner

Während sich Doktor Thomas Vielgut irgendwo zwischen dem internationalen Flughafen Syldaviens und der Hauptstadt Syldenna in einem Taxi auf seinen bevorstehenden Urlaub freut, freut sich der erfolgreiche Taxiunternehmer Imma Forfaat auf der Terrasse seines Wochenenddomizils über die neuesten Entwicklungen in seiner Firma. Alle seine Taxis sind grün, und durch Erweiterung seines Wagenparks hat er jetzt 25 Fahrzeuge in der Hauptstadt. Seine einzige Konkurrenz sind «Die Blauen». Deren Eigentümerin, die ehrgeizige Zufa Lässig, sitzt ebenfalls auf ihrer Terrasse und freut sich nicht. Sie hat nur fünf Taxis. Ihr Marktanteil beträgt damit $5/30 \approx 0{,}17$ oder 17 Prozent.

Vielgut verlässt sein Hotel, um sich ein wenig die Füße zu vertreten. Es ist schon dunkel. Die laue Abendluft und der Vollmond laden ein zum ... es kracht! Vielgut fährt herum und sieht, wie ein blaues Taxi mit aufheulendem Motor und quietschenden Reifen in der Dunkelheit verschwindet. Er geht zur Unfallstelle. Das Taxi hat ein parkendes Auto gerammt, aber es ist niemand verletzt. Der Polizei gibt Vielgut später gewissenhaft zu Protokoll, was er beobachtet hat.

In Syldenna gibt es so viele Hinterhofwerkstätten und Autobastler, dass die Polizei gar nicht erst versucht, den Fahrer des

Taxis ausfindig zu machen, und aufgrund von Vielguts Zeugenaussage ist ja sowieso klar: Als Besitzerin der blauen Taxis muss Zufa Lässig für den Schaden aufkommen. Bereits am frühen Morgen nach dem Unfall wird sie zur Schadensregulierung verurteilt – die syldavische Justiz ist schnell und rigoros.

Als Taxiunternehmerin ist Zufa Lässig Gegenwind gewöhnt und geht in die Berufung. Der Schuldspruch basiere ausschließlich auf der Aussage dieses Touristen, argumentiert ihre Anwältin Vera Priori und ergeht sich in Mutmaßungen darüber, wie verlässlich dieser wohl in der Dunkelheit blau und grün unterscheiden könne. Zwar hätten auch andere Zeugen an den leuchtenden gelben Schildern eindeutig ein Taxi erkannt, aber über die Farbe des Wagens habe sich keiner geäußert. Und da 83 Prozent der Taxis nun mal grün seien (25/30 = 0,83), könne man doch wohl mit einer viel größeren Wahrscheinlichkeit davon ausgehen, dass das Taxi grün gewesen sei, der Zeuge sich also geirrt habe und somit Imma Forfaat für den Schaden aufkommen müsse.

Abbildung 1: High moon in Syldenna. Doktor Thomas Vielgut sieht blau.

Vielgut wird daraufhin an der Weiterreise gehindert und zum Lokaltermin gebeten. Vor dem Hotel bei Dunkelheit und imitiertem Vollmond soll er die Farbe schnell davonfahrender Taxis benennen. Des Doktors Trefferquote beträgt 80 Prozent – für beide Farben. Nur in jedem fünften Fall irrt[1] er sich (Tabelle 3). Das ganze Theater kostet Vielgut zwei Urlaubstage, aber es ist für ihn und alle Schaulustigen ein großer Spaß. Der syldavische Fremdenverkehrsminister überlegt jetzt, ob er von nun an jedes Jahr einen solchen Sehtest veranstalten sollte. Auch der Richter ist ganz froh. Er sieht sein Urteil bestätigt und hätte Zufa Lässig erneut zur Schadensregulierung verurteilt, wäre da nicht Vera Priori.

Tatsächliche Farbe der Taxis	Vielgut hält das Taxi für grün	Vielgut hält das Taxi für blau
Blau	20 %	80 %
Grün	80 %	20 %

Tabelle 3: Übersichtstabelle zur Bestimmung der Wahrscheinlichkeit, dass Vielguts Zeugenaussage richtig ist.

Die Anwältin hält dieses Urteil für blauäugig. Im Gegensatz zum Richter rechnet sie: 83 Prozent der Taxis sind grün. Damit beträgt die Wahrscheinlichkeit, dass das Unfalltaxi grün war, ebenfalls 83 Prozent, und dass es blau war, nur 17 Prozent. Die mit 80 Prozent Wahrscheinlichkeit korrekte Aussage des Doktors kann doch nicht bedeuten, dass es mit achtzigprozentiger Wahrscheinlichkeit ein blaues Taxi war!

---

1 Um das Ganze so einfach wie möglich zu halten, nehmen wir hier an, «irren» bedeute immer, dass er die andere Farbe angegeben hat. Außerdem setzen wir voraus, dass er nie unentschieden war. Abwegiger Gedanke? Keineswegs, Doktor Vielgut ist Chirurg!

In Gedanken hat Vera zwei heiße Spuren verfolgt. Angenommen, es war tatsächlich ein Taxi. Der ausländische Zeuge hatte dann zwei Möglichkeiten, zu der Überzeugung zu gelangen, er habe ein blaues Taxi gesehen. Erstens: Das Taxi war tatsächlich blau, und Vielgut hielt es richtigerweise für blau. Zweitens: Das Taxi war grün, und der Doktor hielt es irrtümlich für blau.

Um diesen verdrehten Sachverhalt zunächst sich selbst und später dem Gericht klar machen zu können und um in dem Wald von Wahrscheinlichkeiten den Durchblick zu bewahren, hat Vera Priori die Tabelle 4 angefertigt. Die linke Spalte zeigt die 30 Taxis aus Syldenna: fünf blaue und 25 grüne.

Stellen wir uns vor, Doktor Vielgut begegnet nach und nach allen 30 Taxis im Mondlicht. Die Farbe der fünf blauen Taxis wird er mit 80-prozentiger Sicherheit korrekt erkennen. Das heißt, 5 × 0,80 = 4 blaue Taxis wird er für blau halten. Mit einer Wahrscheinlichkeit von 20 Prozent wird er sich irren und somit 5 × 0,20 = 1 blaues Taxi irrtümlich für grün halten.

Die Farbe der 25 grünen Taxis erkennt er ebenfalls mit 80-prozentiger Sicherheit korrekt. Folglich wird er 25 × 0,80 = 20 grüne Taxis richtigerweise für grün halten. Mit einer Wahrscheinlichkeit von 20 Prozent wird er sich auch hier irren. Also wird er 25 × 0,20 = 5 grüne Taxis irrtümlich für blau halten.

Wenn Doktor Vielgut unter den geschilderten syldavischen Verhältnissen neunmal ein blaues Auto gesehen zu haben glaubt (rechte Spalte), dann war es in vier Fällen tatsächlich blau. Aber in fünf Fällen hat sich der Zeuge geirrt, und das Taxi war in Wirklichkeit grün. Das Ergebnis scheint paradox: Wenn er «blau» sagt, dann war es trotzdem eher grün.

In Tabelle 4 werden *alle* verfügbaren Informationen genutzt, die zu der Aussage «blau» führen: das Sehvermögen des Doktors *und* die Vorinformation über die Häufigkeit grüner beziehungsweise blauer Taxis. Und da es viel mehr grüne Taxis gibt als blaue, sind sie trotz Vielguts Aussage weiterhin am verdächtigsten.

Tatsächliche Farbe	Taxis in Syldenna	Taxis, die Thomas für grün hält	Taxis, die Thomas für blau hält
Blau	5 blaue Taxis	20 % von 5 ist 1 Taxi	80 % von 5 sind 4 Taxis
Grün	25 grüne Taxis	80 % von 25 sind 20 Taxis	20 % von 25 sind 5 Taxis
	5 von 30 Taxis sind blau: 5/30 = 17 %	Irrtumswahrscheinlichkeit	
		1/21 = 5 %	5/9 = 56 %

Tabelle 4: Nach diesem Schema verknüpft Vera Priori die Information «25 Taxis sind grün, und fünf Taxis sind blau» quantitativ mit der Information «Doktor Vielgut erkennt in 80 Prozent der Fälle die Farbe der Taxis richtig».

Für Vera und die Wahrheitsfindung ist nun natürlich hochinteressant, wie wahrscheinlich es ist, dass der Zeuge sich irrt, wenn er «blau» sagt. In 5 + 4 = 9 Fällen sieht er blau, aber in fünf dieser Fälle handelt es sich in Wirklichkeit um ein grünes Taxi. Vielguts Irrtumswahrscheinlichkeit beträgt also 5/9 = 0,56 oder 56 Prozent. In mehr als der Hälfte der Fälle ist somit die Zeugenaussage falsch!

Diese Methode wenden wir ständig an. Auch im Alltag. Wunderbezeugungen leiden an der Glaubwürdigkeit der Zeugen. Damit wir bei klarem Verstand an ein Wunder glauben könnten, müsste dieses deutlich wahrscheinlicher sein als ein Irrtum oder die betrügerische Absicht desjenigen, der es beobachtet haben will. In unserem Fall ist die Häufigkeit blauer Taxis mit 17 Prozent geringer als die Fehlerquote des Zeugen von 20 Prozent. Die Aussage des Zeugen hätte nur dann Beweiskraft, wenn seine Irrtumswahrscheinlichkeit deutlich geringer als die Häufigkeit blauer Taxis wäre. Diese Bedingung ist aber nicht erfüllt. Darum hilft uns die Zeugenaussage in diesem Fall nicht wirklich weiter.

«So, so», grummelt der Richter mit anerkennendem Blick in Richtung Vera, «und wenn der Zeuge ‹grün› gesagt hätte, dann wären es wahrscheinlich ‹Die Blauen› gewesen?» Keineswegs. Vielguts Irrtumswahrscheinlichkeit von 56 Prozent bezieht sich ausschließlich auf die Feststellung «blau» unter den geschilderten Umständen. Grün sieht der Doktor in 20 + 1 = 21 Fällen, wobei er sich nur in einem Fall irrt. Seine Irrtumswahrscheinlichkeit für die Aussage «grün» hätte also 1/21 ≈ 0,05 oder fünf Prozent betragen (dritte Spalte der Tabelle 4). In 100 – 5 = 95 Prozent der Fälle ist die Zeugenaussage richtig, wenn er «grün» sagt.

«Erstaunlich», sinniert der Richter, «das ergibt eine völlig andere Perspektive für diesen Fall. Es sieht so einfach aus ... und trotzdem hab ich das Gefühl, Sie haben mir den Kopf ... na, sagen wir mal ... verknotet.»

«Ach ja, beim ersten Mal ist man noch sehr verunsichert, Herr Richter», winkt Vera ab, «aber es ist tatsächlich nicht schwer. Lassen Sie sich Zeit. Rechnen Sie es in aller Ruhe nach.»

Der Richter entscheidet sich für eine Vertagung (er nutzt die Zeit zum Nachrechnen) und fällt danach ein salomonisches Urteil: Imma Forfaat muss 56 Prozent und Zufa Lässig 44 Prozent der Schadenssumme begleichen.[2]

---

2 Tja, so weit die syldavische Rechtsprechung. Ist das Urteil wirklich so weise? Es können nur «Die Blauen» oder «Die Grünen» den Schaden verursacht haben. Einer von beiden wurde also mit Sicherheit zu Unrecht verurteilt. Nach deutscher Rechtsauffassung dürfte auch nur einer verurteilt werden.

Zufa Lässig ist mit dem Urteil zufrieden. Immerhin hat sie eine erhebliche Summe gespart. Allerdings währt die Freude nicht lange, denn zu der Schadensumme kommt nun Veras Honorar hinzu.

Vielgut, der das Ganze zwangsweise im Gerichtssaal verfolgt hat, ist tief beeindruckt. «Das ist doch erstaunlich», denkt er bei sich. «Die Wahrscheinlichkeit, dass ich mich geirrt habe, hängt von der Häufigkeit der Taxifarbe ab, obwohl ich beide Farben mit achtzigprozentiger Sicherheit gleich gut erkenne. Wenn ich glaube, ein grünes Taxi gesehen zu haben, dann irre ich mich nur in fünf Prozent der Fälle. Wenn ich hingegen erkläre, das Taxi sei blau gewesen, dann irre ich mich sogar in der Mehrheit der Fälle, nämlich 56 Prozent. Das kapiere ich nicht. Um die Irrtumswahrscheinlichkeit zu bestimmen, werden beide Informationen benötigt: die Präzision des Zeugen *und* die Häufigkeit der verschiedenen Taxifarben?!»

Als er die Treppe vor dem Gerichtsgebäude hinuntergeht, hört er das eilige Klackern von Damenschuhen hinter sich, in denen sich Vera Priori befindet. Sie entschuldigt sich bei ihm für die Störung des Urlaubs und lädt ihn zu einem Kaffee in der Gerichtskantine ein. Vielgut folgt dem Vorschlag der attraktiven Anwältin nur allzu gern. Mit feuchten Händen gibt er sich große Mühe, intelligente Fragen zu stellen, und Vera versucht, Thomas ihren Dreh mit der Wahrscheinlichkeit zu erläutern: «Wir haben zwei völlig unabhängige Informationsquellen: erstens unsere Vorkenntnis über die Häufigkeit der beiden Taxifarben in Syldenna und zweitens Ihre Zeugenaussage mit der beim Lokaltermin gemessenen Zuverlässigkeit. Nun müssen wir die beiden Informationen zusammen betrachten. Sie wiegen gleich viel. Und wenn Sie noch so schöne ... ich meine gute Augen haben, kann man doch nicht einfach so tun, als gäbe es nur das, was Sie gesehen haben. Man muss auch berücksichtigen, welche Beobachtungen denn überhaupt in der Situation zu erwarten sind. Sie wissen sicherlich, was ich meine.»

«Ja, natürlich», sagt Thomas, der an Vera Prioris Lippen hängt und gar nichts mehr weiß.

«Wären Sie nicht gewesen, Herr Vielgut, dann hätte die Wahrscheinlichkeit, dass das Taxi blau war, 17 Prozent betragen, denn die Häufigkeit der blauen Taxis entspräche ohne Ihre Aussage der Wahrscheinlichkeit, einem blauen Taxi zu begegnen ...»

«... und die Häufigkeit der grünen Taxis entspräche der Wahrscheinlichkeit, einem grünen Taxi zu begegnen», fügt Thomas hinzu, bemüht, einen aufgeweckten Eindruck zu hinterlassen.

«Wenn wir umgekehrt gar nicht wüssten, wie viele blaue und grüne Taxis es bei uns gibt, dann hätte durch Ihre Zeugenaussage die Wahrscheinlichkeit, dass das Taxi blau war, 80 Prozent betragen. Erst die Kombination beider Informationen in meiner Tabelle 4 führt uns zu dem Ergebnis, dass das Taxi mit einer Wahrscheinlichkeit von 44 Prozent blau war.»

«Und wenn ich nun ‹rot› gesagt hätte?»

«Dann hätten wir die Häufigkeit der roten Taxis in Syldenna, null Prozent, mit der Zuverlässigkeit Ihrer Aussage, 80 Prozent, multipliziert und hätten null Prozent für die Wahrscheinlichkeit herausbekommen, dass das Taxi rot war. – Aber was heißt hier wir? Der Richter hat ja nicht einmal versucht, es auszurechnen. Eines der Grundprinzipien der Jurisprudenz lautet *Iudex non calculat* – der Richter rechnet nicht. Darum lernen Juristen in Syldavien in ihrer Ausbildung zwar einiges über Beweiswürdigung und Aussagepsychologie, aber nichts über die quantitative Verknüpfung von Informationen. Bei Ihnen in Deutschland übrigens im Allgemeinen auch nicht. Ich weiß das, weil ich einmal zwei Semester in Hamburg studiert habe. Die erstinstanzliche Entscheidung der syldavischen Richter ist daher nicht verwunderlich.»

In einem späteren Kapitel wird von einer wahren Begebenheit, dem spektakulären Mordprozess um O. J. Simpson, berichtet. Der Fall zeigt noch eindringlicher, dass es für Richter, Rechtsanwälte und deren Berater offensichtlich ganz nützlich wäre, informationstheoretische Kriterien in ihre Arbeit einfließen zu lassen. Vera Priori hat diesen Trend zeitig erkannt. Sagen wir mal «relativ zeitig». Die in diesem Buch dargestellten Gedanken basieren nämlich auf den Überlegungen eines englischen Geistlichen, der vor etwa 240 Jahren verstorben ist: Reverend Thomas Bayes. Er war Pastor und Mathematiker.[3]

Vera trainiert jetzt regelmäßig die Verknüpfung von Informationen. Um fit zu bleiben, denkt sie sich Geschichten aus, zum Beispiel diese:

Vielgut verlässt das Hotel. Es ist bereits dunkel, Vollmond, wie gehabt. In der lauen Abendluft geht der Doktor bis zu der Kreuzung mit der Ausfallstraße zur Syldavischen Seenplatte. Die Kreuzung ist, wie alle Verkehrsknoten in Syldenna, mit orangefarbenen Natriumlampen hell beleuchtet. In diesem Augenblick lässt Vera exakt den gleichen Unfall geschehen wie

---

3 Thomas Bayes wurde 1702 in Leather Lane (London) geboren und starb am 17. April 1761 in Tunbridge Wells (Kent). Zu Lebzeiten veröffentlichte er zwei Aufsätze: «Divine Benevolence, or an Attempt to Prove that the Principal End of the Divine Providence and Government is the Happiness of His Creatures» (1731) und «An Introduction to the Doctrine of Fluxions, and a Defence of the Mathematicians Against the Objections of the Author of the Analyst» (1736). Der zweite Artikel ist eine Schrift zur Verteidigung der logischen Grundlage von Newtons Berechnungen gegenüber dem Bischof Berkeley. Sein wichtigstes Werk wurde jedoch erst postum von John Canton in den Jahren 1763 und 1764 in den *Philosophical Transactions of tbe Royal Society of London* (Band 53, Seiten 376 bis 399, und Band 54, Seiten 298 bis 310) unter dem Titel «An Essay towards Solving a Problem in the Doctrine of Chances» veröffentlicht. Diese Arbeit markiert einen wichtigen Wendepunkt in der Entwicklung der Wahrscheinlichkeitsrechnung. Eine deutsche Übersetzung wurde im Jahre 1908 von H. E. Timerding im Verlag von Wilhelm Engelmann (Leipzig) herausgegeben.

vor dem Hotel. Vielgut hat wieder ein blaues Taxi wegfahren sehen, und es kommt erneut zum Sehtest; diesmal aber auf der Kreuzung. In dem orangefarbenen Licht wird das Blau grünstichig, und selbst das Grün wird noch grüner. Darum hält der Zeuge ausnahmslos alle grünen Taxis und auch die meisten blauen für grün. Nur 20 Prozent der blauen Taxis erscheinen ihm blau. Sollte man den Zeugen da überhaupt nach der Farbe fragen? Vera macht sich wieder eine Tabelle (Tabelle 5).

Tatsächliche Farbe	Taxis in Syldenna	Taxis, die Thomas für grün hält	Taxis, die Thomas für blau hält
Blau	5 blaue Taxis	80 % von 5 sind 4 Taxis	20 % von 5 ist 1 Taxi
Grün	25 grüne Taxis	100 % von 25 sind 25 Taxis	0 % von 25 ist kein Taxi
	5 von 30 Taxis sind blau: 5/30 = 17 %	Irrtumswahrscheinlichkeit	
		4/29 = 14 %	0/1 = 0 %

Tabelle 5: Tatort Kreuzung mit Natriumlampen: Veras Tabelle zur Bestimmung der Wahrscheinlichkeit, dass das flüchtige Taxi blau war.

Vera wundert sich. Die Wahrscheinlichkeit, dass Vielgut irrt, wenn er grün sieht, ist auf der Kreuzung mit 14 Prozent höher als vor dem Hotel. Und obwohl er die meisten blauen Taxis falsch einschätzt, ist seine Aussage diesmal eindeutig. Die Irrtumswahrscheinlichkeit beträgt jetzt null Prozent, wenn der Zeuge blau gesehen hat.[4]

Da wir ohnehin gerade in Syldavien sind, sollten wir ein paar Tage Urlaub einschieben und uns Syldaviens einzigartigen kulinarischen Unterwasserattraktionen zuwenden: den Leckerellen.

---

4 Die nullprozentige Irrtumswahrscheinlichkeit ist natürlich zweifelhaft, denn auch Doktor Vielgut ist nur ein Mensch. Über den Umgang mit seltenen und sehr seltenen Ereignissen und der Sicherheit für deren Ausbleiben erfährt man mehr im Kapitel «Seltenheit seltener Ereignisse» in unserem Buch «Der Hund, der Eier legt» (Beck-Bornholdt und Dubben, Neuausgabe 2001).

3. Erlebnisangeln mit Haken

In diesem Kapitel wird gezeigt, dass man in manchen Situationen ohne die Kenntnis der Häufigkeiten nicht weiterkommt.

Wenn du deine Angel im Karpfenteich auswirfst,
wirst du keine Lachse fangen.
Annette Raabe

Syldavien! Das Anglerparadies. Nirgendwo auf der Welt sind die Leckerellen so lecker wie hier. Auch unseren Thomas Vielgut zog es fischwärts. Er arbeitet in einem Universitätsklinikum. Sein normaler Arbeitstag beginnt in der Klinik morgens um halb acht und endet gegen 18 Uhr. Mittagspause = Schokoriegel! Nach Feierabend geht Thomas aber nicht nach Hause, sondern ins Forschungslabor. Vor halb zehn verlässt er seinen Arbeitsplatz selten. Am Wochenende hat er entweder Dienst, oder er hält Vorträge auf Fortbildungsveranstaltungen und Kongressen. Andernfalls verschwindet er wieder im Labor. Zu Hause trifft man ihn eigentlich nur nachts an. Seine Frau Gabi beklagt sich darüber nicht mehr. Sie ist vor zwei Jahren einfach ausgezogen. Das merkte Thomas damals erst nach vier Tagen, als der Kühlschrank leer war.

Früher konnte Gabi ihren Thomas hin und wieder zu einer Reise überreden. Später reichte es meistens nur für ein paar freie Tage im Anschluss an einen internationalen Ärztekongress. Gabi begleitete Thomas dann, bekam ihn aber wie gewohnt nur nachts zu sehen. Wenn der eigentliche Urlaub endlich begann, hatte Thomas nur seine Arbeit im Kopf und redete selten über etwas anderes.

Seinen letzten Urlaub hat Thomas im Labor verbracht und

zwei wissenschaftliche Arbeiten abgeschlossen. Keine Arbeit *und* keine Gabi – das wäre zu viel gewesen. Die Arbeit lenkte ihn früher von Gabi ab und jetzt davon, dass Gabi nicht mehr da ist. So vielseitig kann Arbeit sein. Trotzdem ist Thomas ziemlich fertig. Seine Freunde haben auf ihn eingeredet wie auf ein krankes Kind und ihn mit viel Mühe davon überzeugt, in diesem Jahr mal wieder zu verreisen. In Sachen Geselligkeit und Ablenkung scheiterten die Verhandlungen allerdings. Thomas will zum Angeln nach Syldavien – allein.

Nach seinem Kurzaufenthalt in Syldenna erreicht er am frühen Abend das vorab gebuchte Ferienhäuschen direkt am Fluss, mit eigenem Steg. Angespannt von der langen Fahrt macht Thomas mal wieder einen Spaziergang und erkundet die Umgebung. Auf dem Rückweg in der Dämmerung bemerkt er, dass in der Nähe des Stegs die Erde locker und aufgewühlt ist, als habe dort jemand eine Grube ausgehoben und wieder zugeschüttet.

Am nächsten Morgen wirft er noch vor Sonnenaufgang seine Angel aus und träumt von den köstlichen Leckerellen, die es nur in Syldavien gibt. Schon nach wenigen Minuten zappelt etwas an der Angel. «Ha! Mein Frühstück», triumphiert Thomas. Er zieht seinen Fang an Land und macht eine grausige Entdeckung: Es ist ... es ist eine Ekelitze. Eine grausige, tranige Ekelitze, die es auch nur in Syldavien gibt und es im Geschmack und Geruch durchaus mit einem Dorsch aufnehmen kann, der drei Tage in der Sonne gelegen hat. Ein Eldorado für die begeisterten syldavischen Fliegen, die umgehend über die Beute herfallen.

Auch der zweite Fisch ist eine Ekelitze. Und als der dritte anbeißt, hat Thomas schon ein tiefes Loch vor dem Steg gegraben, um alle drei geruchssicher verschwinden zu lassen. Zum Frühstück gibt es eine Dose Ölsardinen und Zwieback, zwei Mitbringsel aus seiner eigenen Küche. Dabei wirft er einen Blick ins Angelhandbuch, in dem viele schlaue Sachen stehen: «Man muss vorher wissen, auf welchen Fisch man geht» und «Man muss das Gewässer kennen ... in Erfahrung bringen, welche Fische dort heimisch sind.»

«Erstens Leckerellen, und zweitens gibt es die hier», gibt Thomas dem Handbuch zu verstehen.

«Entsprechend ist der Köder zu wählen und der Haken in die richtige Tiefe zu bringen ... Speziell in syldavischen Gewässern ist beim Leckerellenangeln darauf zu achten, dass man einen Köder verwendet, der die Leckerellen anspricht, aber von den dort ebenfalls heimischen Ekelitzen verschmäht wird. Derartige Spezialköder werden in Syldavien von den Einheimischen nach einem Geheimrezept hergestellt und sind dort in jedem Anglerladen erhältlich.»

Gleich beim ersten Kaufmann wird Thomas fündig. Ein Gebilde aus bunten Fäden, Pailletten und einem Haken verspricht 100-prozentiges Anglerglück. «So etwas hab ich schon mal als Ohrenschmuck gesehen», denkt Thomas. «Wann war das noch?» Der Köder ist auf einem Stück Pappe angebracht, mit einer Produktbeschreibung auf der Rückseite. Neben dem syldavischen Text enthält sie eine mehrsprachige Tabelle für Ausländer. Tabelle 6 zeigt die deutsche Version: Leckerellen, die sich dem Haken auf weniger als einen Meter nähern, beißen mit 100-prozentiger Sicherheit an, während Ekelitzen in entsprechenden Situationen nur in fünf Prozent der Fälle zuschnappen. Thomas nimmt drei Köder. An der Kasse stellt er angesichts des Preises fest, dass einer völlig ausreicht.

Fisch nähert sich dem Spezialköder auf einen Meter	Fisch beißt an	Fisch beißt nicht an
Leckerelle Ekelitze	100 % 5 %	0 % 95 %

Tabelle 6: Wahrscheinlichkeit, dass Leckerellen beziehungsweise Ekelitzen anbeißen, wenn sie sich dem Spezialköder auf weniger als einen Meter nähern.

Abbildung 2: Thomas beim Fischeversenken

Am frühen Abend sitzt Thomas wieder auf dem Steg. Zwei Fische beißen an. Einer davon ist eine Leckerelle, und die bereitet er sich genüsslich zum Abendbrot zu. Die Welt scheint wieder in Ordnung zu sein.

Am nächsten Tag regnet es. Das hält Thomas nicht vom Angeln ab, und bis zum Abend hat er sechs Fische gefangen: sechs Ekelitzen. Von wegen 100-prozentiges Anglerglück und fünf Prozent Anbisswahrscheinlichkeit für Ekelitzen!

Bei Ölsardinen mit Brot und Muskelkater vom Fischebegraben denkt Thomas am Abend darüber nach, ob sein Fang Zufall sein könnte. «Vielleicht war's einfach nur Pech. Mal sehn: Wenn Leckerellen mit 100-prozentiger Wahrscheinlichkeit anbeißen und Ekelitzen nur mit fünfprozentiger Wahrscheinlichkeit, dann sollte doch nur jeder zwanzigste Fisch eine Ekelitze sein. Wie groß ist dann die Wahrscheinlichkeit, rein zufällig hintereinander sechs Ekelitzen zu angeln?»

Thomas freut sich, dass er sein Handy auch als Taschenrechner benutzen kann. «Es ist unwahrscheinlicher, als beim Lotto auf Anhieb sechs Richtige zu tippen», stellt er nach einigem

Rechnen erstaunt fest. «Wenn Ekelitzen 20-mal seltener anbeißen als Leckerellen (1/20), dann ist die Wahrscheinlichkeit, dass hintereinander sechs Ekelitzen anbeißen, $(1/20)^6 = 1/64\,000\,000$. Die Wahrscheinlichkeit für sechs Richtige im Lotto ist immerhin 1/13 983 816 und damit fast fünfmal so groß. Dem Kaufmann werd ich morgen mal zeigen, dass man einem Wissenschaftler nicht so schnell das Fell über die Ohren ziehen kann.»

Mit syldavischer Gelassenheit nimmt der Kaufmann Thomas' Reklamation zur Kenntnis, spricht erst nichts und dann doch. «Wie viele Leckerellen sind denn gestern an deinem Haken vorbeigeschwommen, Herr Doktor?»

«Was soll denn die Frage? Das weiß ich doch nicht!»

«Eben. Guck mal, gestern war Schietwetter. Da bleiben die Leckerellen flussabwärts im See. Also ist wohl keine bei dir vorbeigekommen. Davon 100 Prozent ist immer noch keine Leckerelle. Und die Ekelitzen, die sind bei jedem Wetter unterwegs. Und wenn ich mal raten darf» – der Kaufmann bedient wieselflink die Tasten seiner Registrierkasse –, «dann waren wohl so ungefähr 120 bei deinem Haken. Davon fünf Prozent sind sechs Stück. Kommt doch genau hin?!»

«Sie meinen, es kommt darauf an, wie viele Leckerellen und Ekelitzen ...?» Thomas unterbricht sich selbst. Natürlich kommt es darauf an. Der Mann muss mich ja für blöd halten. Ohne Leckerellen nützt auch der beste Köder nichts.

«Ja, darauf kommt es an, und das hängt wiederum vom Wetter ab. Und wenn du im Voraus wissen willst, ob es regnen wird oder nicht ... ich hab da so 'n Vorhersagegerät, den MeteoPropheten.»

«Ach, danke», winkt Thomas ab und ist froh über den Themenwechsel, «ich kann ja sehen, wie das Wetter ist, und ändern kann ich es damit auch nicht.» Thomas besorgt sich noch ein paar Lebensmittel, vor allem Tiefkühlfisch und keine Ölsardinen, und zieht sich dann in sein Ferienhaus zurück.

Fischart	Anzahl Fische nahe beim Spezialköder	Fisch beißt	Fisch beißt nicht
Leckerellen	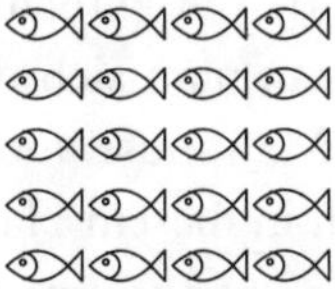 20 Leckerellen	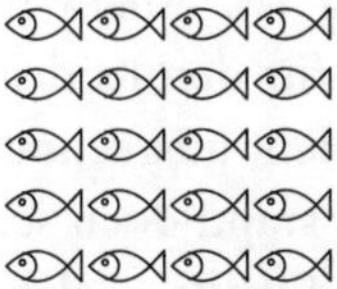 100 % von 20 sind 20 Leckerellen	
Ekelitzen	 20 Ekelitzen	 5 % von 20 ist 1 Ekelitze	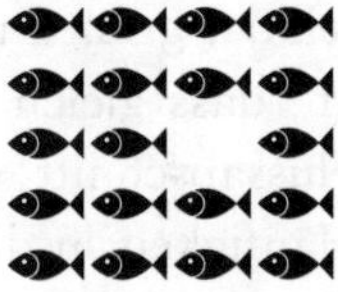 95 % von 20 sind 19 Ekelitzen
		Leckerellenwahrscheinlichkeit: 20/21 = 95 %	

Tabelle 7: Bestimmung der Wahrscheinlichkeit, dass eine Leckerelle angebissen hat. Es wurde vorausgesetzt, dass sich gleich viele Leckerellen und Ekelitzen dem Angelhaken auf einen Meter nähern. Der Spezialköder ist so beschaffen, dass alle Leckerellen, aber nur fünf Prozent der Ekelitzen zum Anbeißen verführt werden.

Der Rest des Tages bleibt verregnet, und Thomas hat nach einem ausgiebigen Mittagsschlaf viel Zeit, das Fischrätsel weiter zu ergründen. Die Wahrscheinlichkeit, dass eine Leckerelle am Haken zappelt, hängt davon ab, wie groß deren Anteil am Fischbestand eines Flussabschnitts ist. Wenn es fast nur Leckerellen gibt, aber kaum Ekelitzen, dann ist man gleich aus zwei Gründen vor Ekelitzen ziemlich sicher: Erstens sind kaum welche da, und zweitens mögen sie den Köder nicht. Das andere Extrem ist, dass es gar keine Leckerellen mehr gibt, auch wenn der syldavische Fremdenverkehrsverein noch damit wirbt. Wenn es dann am Haken zieht, muss es so wie gestern beim Regen mit 100-prozentiger Sicherheit eine Ekelitze sein, weil nichts anderes da ist. Allein mit den Angaben aus der Gebrauchsanleitung für den Köder kann man sich die Fangwahrscheinlichkeiten nicht ausrechnen. Man muss auch das Gewässer kennen ... das stand doch schon in diesem Handbuch!

Die Angaben in Tabelle 6 reichen nicht aus, um die Fangwahrscheinlichkeit zu berechnen, weil sie nicht den Anteil der Leckerellen im Gewässer berücksichtigt. Das ist wie mit dem Anteil der grünen und blauen Taxis in Syldenna. Nehmen wir mal an, dass gleich viele Leckerellen und Ekelitzen im befischten Flussabschnitt vorkommen und deswegen auch mit gleicher Häufigkeit in die Nähe des Spezialköders geraten. Diesen Fall beschreibt Tabelle 7.

Der Spezialköder wird allen 20 Leckerellen, die sich dem Haken auf weniger als einen Meter nähern, zum Verhängnis. Von den 20 Ekelitzen wird aber nur eine zum Beißen verführt. Am Ende haben dann insgesamt 21 Fische angebissen.[1] Die Fangwahrscheinlichkeit für Leckerellen beträgt in diesem Fall 20/21 = 0,95 beziehungsweise 95 Prozent.[2]

---

1 In Wirklichkeit würde es meistens nicht genau eine Ekelitze sein, sondern auch manchmal zwei oder gar keine. Auch drei werden noch relativ häufig vorkommen. Dieses Thema wird ausführlich im Kapitel «Fußball, Zufall, Sensationen» unseres Buches «Der Hund, der Eier legt» besprochen. Die statistischen Schwankungen sind für die hier betrachtete Thematik jedoch belanglos. Deshalb können wir sie außer Acht lassen. Entsprechend werden wir bei den folgenden Tabellen in diesem Buch verfahren.

2 Genau genommen nimmt die Häufigkeit der Leckerellen mit jeder gefangenen Leckerelle ab. Es werden ja immer weniger. Das zu berücksichtigen würde aber einiges furchtbar kompliziert machen. Wir unterstellen daher, dass sich die Häufigkeit nicht ändert. Jede gefangene Leckerelle wird durch eine andere, aus einem benachbarten Flussabschnitt zugewanderte ersetzt. Oder der Angler könnte der Einfachheit

Die nächste Tabelle 8 gilt für den Fall, dass es zehnmal mehr Ekelitzen als Leckerellen gibt. Wenn sich 22 Fische dem Haken nähern, dann sind jetzt nur zwei davon Leckerellen. Es beißen dann insgesamt drei Fische an: eine Ekelitze und die beiden Leckerellen. Die Fangwahrscheinlichkeit für Leckerellen beträgt jetzt 2/3 = 67 Prozent.

Fischart	Anzahl Fische nahe beim Spezialköder	Fisch beißt	Fisch beißt nicht
Leckerellen	2 Leckerellen	100 % von 2 sind 2 Leckerellen	
Ekelitzen	20 Ekelitzen	5 % von 20 ist 1 Ekelitze	95 % von 20 sind 19 Ekelitzen
		Leckerellenwahrscheinlichkeit: 2/3 = 67 %	

Tabelle 8: Bestimmung der Wahrscheinlichkeit, dass eine Leckerelle angebissen hat. Es wurde vorausgesetzt, dass sich im befischten Flussabschnitt zehnmal mehr Ekelitzen als Leckerellen befinden. Der Spezialköder ist so beschaffen, dass alle Leckerellen, aber nur fünf Prozent der Ekelitzen zum Anbeißen verführt werden.

unserer Tabellen zuliebe alle gefangenen Fische jedes Mal wieder zurückwerfen. Mit dieser Lösung war aber unser Lektor Jens Petersen nicht einverstanden: «Ob denen nicht der Appetit vergangen wäre?»

In Tabelle 9 sind die Leckerellenfangwahrscheinlichkeiten, die mit dem Spezialköder erzielt werden können, zusammengefasst. Dort stehen auch die Ergebnisse, die man mit einem neutralen Köder erhielte. Ein neutraler Köder, zum Beispiel ein Regenwurm, ist für beide Fischarten gleichermaßen (un)attraktiv. Die Leckerellenfangquote liegt bei beiden Ködern, je nach Anteil der Leckerellen im Gewässer, zwischen null und 100 Prozent. Wenn beide Fischarten vorhanden sind, ist der Spezialköder immer besser als der Neutralköder. Kommen beide Fischarten zu 50 Prozent vor, steigt die Leckerellenfangquote durch Einsatz des Spezialköders von 50 auf 95 Prozent.

Zusammensetzung des Fischbestandes		Wahrscheinlichkeit für Leckerellenfang	
Leckerellen	Ekelitzen	Spezialköder	Neutraler Köder
20	0	100 %	100 %
20	20	20/21 ≈ 95 %	50 %
2	20	2/3 ≈ 67 %	9 %
0	20	0 %	0 %

Tabelle 9: Leckerellenfangwahrscheinlichkeit in Gewässern mit unterschiedlicher Häufigkeit von Leckerellen und mit unterschiedlichen Ködern.

«Eigentlich habe ich es doch ganz gut getroffen», sinniert Thomas. «Bei schlechtem Wetter kann ich im Ferienhaus faulenzen oder ins syldavische Volksmuseum gehen, ohne am Fluss etwas zu versäumen. Und wenn bei gutem Wetter auch die Leckerellen Ausgang haben, bin ich mit dem Spezialköder gut ausgerüstet. Sehr effizient.»

Dennoch ist Thomas nicht ganz wohl zumute. Er hat das unbestimmte Gefühl, einen schlafenden Löwen geweckt zu haben. Wie so häufig, denkt er an seine Arbeit. Irgendwie erinnert ihn Vera Prioris Dreh mit der Wahrscheinlichkeit daran. Beim Gedanken an seine eigenen Untersuchungen wird ihm noch mulmiger. «In der Forschung wird doch ebenfalls geangelt, nämlich nach Ergebnissen!», denkt Thomas. «Sicherlich gibt es Fachgebiete, aus denen bereits alle Leckerellen herausgeforscht sind, und man angelt dort zwangsläufig nur die wissenschaftlichen Ekelitzen.»

4. Der blaue Mann und das schwarze Meer

Durch geschicktes Verknüpfen von Informationen kann man zu überraschenden Ergebnissen gelangen und sich viel Arbeit sparen.

Wo alle dasselbe denken,
wird nicht viel gedacht.
Heiner Geißler

Auf der Rückreise von seinem Angelurlaub legt Thomas wieder einen Zwischenstopp im Hotel in Syldenna ein. Am syldavischen Nachthimmel funkeln die Sterne, der Mond scheint allerdings heute woanders. Alles ist dunkel. Nur die vereinzelten Straßenlaternen werfen Lichtkreise auf das dunkle Pflaster. «Inseln des Lichts in einem schwarzen Meer», fabuliert Thomas. Das Meer und auch die Inseln durchkreuzt mit unsicherem Kurs von links nach rechts ein Mann, der dabei ein Liedchen pfeift. Alsbald verschwindet er in der Dunkelheit, und mit kurzer Verzögerung verhallt auch das Lied. Thomas muss an eine Geschichte denken, der er hohen Erkenntniswert beimisst: Ein Betrunkener hat seinen Schlüssel verloren und sucht ihn nun unter einer Straßenlaterne. Ein Anwohner, der ihn lange dabei beobachtet hat, gesellt sich zu ihm und hilft beim Suchen. Nach einiger Zeit fragt er: «Sind Sie sicher, dass Sie den Schlüssel hier verloren haben?» – «Nein, nein, überhaup nich. Ich glaub, da drühm ... aber da issesso dunkel, da find ich ihn bestimmt nich.»

Da erklingt das Lied wieder, und mit ihm kehrt der Mann zurück und torkelt suchend von Lichtkreis zu Lichtkreis. Thomas amüsiert sich. Noch. Im nächsten Lichtkreis bückt sich der Zecher, hebt klimpernd einen Schlüssel auf und zieht triumphierend von dannen.

Plötzlich ist Thomas hellwach. Er setzt sich im Hotelzimmer an den kleinen Resopalschreibtisch mit Eichendekor, um in Ruhe nachzudenken.

Die Laternen leuchten nur etwa ein Viertel (25 Prozent) der Straße aus. Der Rest (75 Prozent) liegt im Dunkeln. Wenn der Betrunkene irgendwo auf dem Weg seinen Schlüssel verloren hat, dann liegt dieser nur mit 25 Prozent Wahrscheinlichkeit in einem der Lichtkreise. Thomas entwirft Tabelle 10.

Ort	Verteilung von 100 verlorenen Schlüsseln	Schlüssel gefunden	Schlüssel nicht gefunden
Im Dunkeln	75 Schlüssel im Dunkeln	≈ 1 % von 75 sind 0,75, also etwa 1 Schlüssel	99 % von 75 sind ungefähr 74 Schlüssel
Im Licht	25 Schlüssel im Licht	80 % von 25 sind 20 Schlüssel	20 % von 25 sind 5 Schlüssel
	Verlorene Schlüssel im Licht: 25/100 = 25 %	Gefundene Schlüssel im Licht: 20/20,75 = 96 %	

Tabelle 10: Schematische Darstellung des Schlüsselverlust-in-der-Nacht-Problems. Nähere Beschreibung im Text.

Thomas stellt sich die Szene an 100 aufeinander folgenden Abenden vor. Wenn der Schlüssel zufällig verloren geht, dann wird er etwa 75-mal im Dunkeln liegen und 25-mal im Schein einer Laterne. Falls der Schlüssel im Dunkeln liegt, hat der Verlierer nur eine sehr geringe Chance, ihn ohne Taschenlampe zu finden: etwa ein Prozent, schätzt Thomas. Von den 75 im Dunkeln verlorenen Schlüsseln würde er vielleicht einen finden, denn $75 \times 0{,}01 = 0{,}75 \approx 1$.

Im Lichtschein der Laternen ist die Aufenthaltswahrscheinlichkeit für den Schlüssel dreimal geringer als im Dunkeln. Wenn er aber tatsächlich im Licht liegt, hat der Verlierer eine viel größere Chance, ihn dort zu entdecken. Thomas schätzt unter Berücksichtigung des Alkoholpegels 80 Prozent (0,80). Von den 25 im Lichtschein verlorenen Schlüsseln wurden also $25 \times 0{,}80 = 20$ wieder gefunden werden. Die Wahrscheinlichkeit, den Schlüssel unter den gegebenen Umständen zu finden,

Ort	Verteilung von 100 verlorenen Schlüsseln	Schlüssel gefunden	Schlüssel nicht gefunden
Im Dunkeln	99 Schlüssel	$99 \times 0{,}01 = 0{,}99$ (≈ 1)	$99 \times 0{,}99 = 98{,}01$ (≈ 98)
Im Licht	1 Schlüssel	$1 \times 0{,}80 = 0{,}8$ (≈ 1)	$1 \times 0{,}20 = 0{,}2$ (≈ 0)
Summe	100 Schlüssel	1,79 Schlüssel	98,21 Schlüssel
	Verlorene Schlüssel im Licht: $1/100 = 1\,\%$	Gefundene Schlüssel im Licht: $0{,}8/(0{,}99 + 0{,}8) = 45\,\%$	

Tabelle 11: Schematische Darstellung des Schlüsselverlust-in-der-Nacht-Problems bei noch schlechterer Beleuchtung. Nähere Beschreibung im Text.

ist an den beleuchteten Stellen 20-mal höher als im Dunkeln. Es ist also sehr vernünftig, sich zunächst nur auf die Inseln des Lichts zu konzentrieren. Erst wenn diese Suche erfolglos war, macht es Sinn, sich den im Dunkeln liegenden Bereichen zuzuwenden. Die Fehlleistung des Betrunkenen in der altbekannten Geschichte besteht nicht darin, dass er im Licht nach seinem Schlüssel Ausschau hält, sondern dass er nicht daran denkt, die Suche im Licht irgendwann für erfolglos zu erklären und auf die dunklen Stellen auszuweiten.

Abbildung 3: Bei Licht besehen ein vernünftiger Abendspaziergänger

Thomas überlegt, ob das Verhalten des Betrunkenen auch bei schlechterer Beleuchtung, etwa in einem kleinen syldavischen Dorf, noch vernünftig wäre. Dazu erstellt er die Tabelle 11, wobei er annimmt, dass es in dem ganzen Dorf nur eine Laterne gibt, die gerade mal ein Prozent des Marktplatzes vor dem Dorfkrug beleuchtet, dessen Wirt dort irgendwo seinen Schlüssel verloren hat.

Die Wahrscheinlichkeit, unter diesen extremen Bedingungen den Schlüssel im Schein der Laterne zu finden, ist jetzt zwar absolut gesehen sehr klein und im Dunkeln ungefähr genauso groß wie im Licht, doch ist der Aufwand für eine Suche unter der Laterne bei nahezu gleicher Erfolgsaussicht wesentlich geringer als im Dunkeln. Auch in dieser Situation macht es also durchaus Sinn, zunächst nur im Licht zu suchen, denn das beschert schon fast den halben Erfolg. Danach kann man sich überlegen, ob man die 99fache Arbeit auf sich nimmt und auch die dunklen Flächen durchforstet, um die Findewahrscheinlichkeit ungefähr zu verdoppeln.

Thomas ist inzwischen ziemlich müde geworden, und auch der syldavische Wein hat sein Teil dazu beigetragen, Realität und Wirklichkeit zu vermischen. So ist Thomas nicht sehr überrascht, als er sich plötzlich auf einem Barhocker in einer kleinen syldavischen Kneipe neben dem Kapellmeister des Dorfes wieder findet. Der Wirt, ein passionierter Jäger, hat draußen sein Portemonnaie verloren. Hinter dem Tresen stehend, nimmt er sein Gewehr und beäugt durch das Zielfernrohr den beleuchteten Teil des Marktplatzes. «Nichts zu sehen», grummelt er. «Liegt wohl im Dunkeln. Aber für dieselbe Chance, zwei Sylda-Dollar, drei Tankquittungen und eine Plastikbörse wieder zu finden, werde ich jetzt nicht die 99fache Fläche im Dunkeln absuchen. Obendrein müsste ich dazu rausgehen und mich bewegen.» Der Kapellmeister will auch durchs Zielfernrohr sehen, und danach darf Thomas gucken. Im Fadenkreuz taucht ein langer dürrer Schatten von Mensch auf. Während der Wirt das Gewehr wieder in den Schrank zurücklegt, betritt Karl Valentin den Dorfkrug.

VALENTIN: Hats Ihnen der Anderl schon erzählt?

KAPELLMEISTER: Warum, was will er denn noch?

VALENTIN: Nein, wir zwei haben gestern einen Zufall erlebt. Ich und er sind gestern in der Kaufingerstraße gegangen und haben von einem Radfahrer gesprochen, und im selben Moment, wo wir von dem Radfahrer gesprochen haben, ist einer dahergekommen, Zufall –.

KAPELLMEISTER: Was, war das alles – das hab ich jetzt nicht verstanden.

VALENTIN: Wir sind in der Kaufingerstraße gegangen und haben von einem Radfahrer gesprochen, und im selben Moment ist einer dahergekommen.

KAPELLMEISTER: Ja, weiter, was war dann mit dem Radfahrer – was hat denn der getan?

VALENTIN: Nichts weiter, gefahren ist er – ich sag doch nur vom Zufall.

KAPELLMEISTER: Aber das ist doch kein Zufall, wenn der sonst nichts getan hat – in der Kaufingerstraße ist das wirklich kein Zufall, wenn da ein Radfahrer kommt, da fahren doch im Tag ein paar tausend Radfahrer umeinander.

VALENTIN: Ach, tausend – einer ist dahergekommen.

KAPELLMEISTER: Auf einmal kommen freilich keine tausend Radfahrer daher, die kommen so nach und nach – alle Meter – alle Sekunden – jeden Moment kommt wieder ein anderer.

VALENTIN: Ja, aber nicht, wenn man davon redt – das ist der Zufall.

KAPELLMEISTER: Das ist ganz egal, ob man da spricht oder nicht – in der Kaufingerstraße kommt immer wieder ein Radfahrer – das ist kein Zufall.

VALENTIN: Sie haben halt eigene Weltanschauungen.

KAPELLMEISTER: Da hätten Sie schon von ganz etwas anderem reden müssen, wenn das ein Zufall sein soll. Von was Selteneren, von was Interessanterem, ja, wenn Sie statt von diesem

Radfahrer von einem Flieger gesprochen hätten, das wär' was anderes.

VALENTIN: Ham wir nicht, wir haben nur von einem Radfahrer gesprochen.

KAPELLMEISTER: Das weiß ich schon, ich meine, *wenn* Sie von einem Flieger gesprochen hätten und im selben Moment wär' da oben einer dahergekommen, dann wärs eher ein Zufall gewesen.

VALENTIN: Nachgeschaut ham doch wir nicht, wir sind bloß so dahingegangen.

KAPELLMEISTER: Aber ich mein doch nur so zum Beispiel –, wenn Sie statt von einem Radfahrer von einem Flieger gesprochen hätten!

VALENTIN: Wieso???? Wie kann ich von einem Flieger sprechen, wenn ich von einem Radfahrer spreche?

KAPELLMEISTER: Ich mein doch nur – genau so gut, wie Sie von diesem Radfahrer gesprochen haben, genau so gut hätten Sie doch auch von einem Flieger sprechen können.

VALENTIN: Ausgeschlossen?!

KAPELLMEISTER: Ja, haben Sie noch nie in Ihrem Leben von einem Flieger gesprochen?

VALENTIN: Schon oft, aber da nicht, da ham wir nur von einem Radfahrer gredt.

KAPELLMEISTER: Ach, meinetwegen reden Sie, von was Sie wolln – erzählns mir nichts mehr, dann brauch' ich mich nicht mehr zu ärgern.

VALENTIN: Also morgen gehen wir wieder spazieren, dann reden wir von einem Flieger. Aber – wehe – wenn dann ein Radfahrer daherkommt.[1]

---

1 Aus: Karl Valentin, Sämtliche Werke, Band 7, herausgegeben von Andrea Heizmann und Stefan Henze, © Piper Verlag GmbH, München 1996.

5. Mit Schirm, Charme und Ikone

Wie man durch rationale Verknüpfung von Informationen Nutzen-Risiko-Verhältnisse optimiert

Regen ist eine primöse Zersetzung luftähnlicher Mibrollen und Vibromen, deren Ursache bis heute noch nicht stixiert wurde.
Karl Valentin

Werner wettert über das Wetter. Kaum hat er seinen Schrebergarten in mühseliger Arbeit mit Wasser versorgt, fängt es an zu regnen. «Hoffentlich hat mich keiner mit dem Gartenschlauch gesehen», murmelt er. «Und ich Trottel bin extra einmal quer durch die Stadt hier rausgefahren. Völlig unnötig. Ich brauch ein Gerät, das mir sagt, ob's regnen wird oder nicht. So etwas hab ich doch in Kalles Laden für Alles gesehen. Regen oder mich regen, das ist die Frage.»

«Moin, Kalle.»

«Moin.»

«Du hast doch so 'n Wetterapparat im Schaufenster ...»

«Ja, der Hit des Jahres, der MeteoProphet, kurz MP. Ich hol mal einen. – Hier, Hai-Tech, formschön, mit LCD-Display. Bei Regenankündigung erscheint hier ein Regen-Icon im Display und sonst ein Nichtregen-Icon.»

Abbildung 4: Die Icons von Kalles MeteoProphet

«Sehr schön. Und wie verlässlich sind die Ikonen?»

«Sieh mal, hier in die Gebrauchsanleitung – da, die harten Daten: Wenn es tatsächlich regnen wird, dann sagt der MP das auch voraus, und zwar mit 80-prozentiger Sicherheit. Bei 100-mal Regen zeigt er das also nur 20-mal nicht an ...»

«Hm, statt 100-mal nur 20-mal unnötig rausfahren, das ist schon was. Und was zeigt der MP, wenn es nicht regnen wird?»

«An 100 solchen Tagen zeigt er 95-mal richtig an, dass es nicht regnen wird. Das ist eine Trefferquote, was? Fünfmal bist du falsch beraten, aber davon wird dein Garten nicht umkommen.»

«Also, wenn es regnen wird, dann bin ich an 100 Tagen 20-mal falsch beraten, und wenn es nicht regnen wird, nur fünfmal.»

«Ja, genau.»

«Aber, Kalle, ich weiß doch gar nicht, wann es regnen wird und wann nicht. Deshalb bin ich doch hier. Du erzählst mir, was der MP macht, wenn es regnen und wenn es nicht regnen wird. Das will ich gar nicht wissen, sondern: Was macht das Wetter, wenn der MP Regen beziehungsweise Nichtregen ankündigt? Oder genauer: Wenn es im Display regnet, wie sicher kann ich dann sein, dass es tatsächlich regnen wird, und wenn das Display ‹Kein Regen› ankündigt, wie sicher kann ich sein, dass es tatsächlich nicht regnen wird?»

«Das hängt vom Wetter ab!»

«Scherz?»

«Nein, ich erklär's dir unter Freunden, aber sag's keinem weiter. Ich möchte nicht auf den MPs sitzen bleiben. Wir spielen einfach ein paar Situationen durch, und dann wird die Sache klar sein. Bei uns regnet es so ungefähr jeden zweiten Tag, dann können wir uns eine Tabelle machen ...»

Kalle schreibt und rechnet und zeichnet Tabelle 12.

«Na ja, Kalle, das ist ja noch so ungefähr dieselbe Genauigkeit, wie du mir vorher erzählt hast. Sechs beziehungsweise

So wird das Wetter wirklich	Verteilung der Tage mit und ohne Regen	Vorhersage des MeteoPropheten  Regen	  Kein Regen
Kein Regen	 20 Tage ohne Regen	 5 % von 20 ist 1 Tag ohne Regen	 95 % von 20 sind 19 Tage ohne Regen
Regen	 20 Tage mit Regen	 80 % von 20 sind 16 Tage mit Regen	 20 % von 20 sind 4 Tage mit Regen
		Falsch vorhergesagte Regentage: 1/17 = 6 %	Falsch vorhergesagte Tage ohne Regen: 4/23 = 17 %

Tabelle 12: Übersichtstabelle zur Bestimmung der Regenwahrscheinlichkeit bei unterschiedlichen Anzeigen des MeteoPropheten. Annahme: Regen- und Nichtregentage sind gleich häufig. Es könnte natürlich auch mal schneien oder hageln. Aber das lassen wir hier außer Acht.

17 Prozent Fehlanzeigen, je nachdem, was vorausgesagt wird. Aber wenn ich nun gar keine Ahnung vom Wetter habe, was dann?»

«Wenn du keine Annahme übers Wetter machst, dann kannst du dir auch nichts ausrechnen. Versuch's doch mal.»

Werner versucht es: «*Wenn* es regnen wird, *dann* habe ich mit 80-prozentiger Wahrscheinlichkeit ein Regen-Icon auf dem Bildschirm. Also muss ich rechnen 80 Prozent von der Anzahl der tatsächlichen Regentage ... und da beißt sich die Katze in den Schwanz, denn die will ich doch erst vorhersagen?!»

«Siehste!»

«Nehmen wir jetzt die Schönwetterprognose. *Wenn* es nicht regnen wird, *dann* erscheint das Regen-Icon mit fünfprozentiger Wahrscheinlichkeit. Das ist doch so ziemlich dasselbe. Ich weiß nicht, wann es nicht regnen wird. Und fünf Prozent von Weiß-ich-nicht bleibt Weiß-ich-nicht, du hast Recht, es geht nicht. Und nun?»

«Werner, du musst es so machen wie in Tabelle 12. Da haben wir angenommen, dass es genauso viele Regentage wie Tage ohne Regen gibt. Im Mittel. Jetzt willst du wissen, wie das Wetter sich heute entwickelt. Ohne MP weißt du nur: 50 Prozent Wahrscheinlichkeit für Regen. Mit MP und Regen-Icon im Display beträgt die Wahrscheinlichkeit für Regen 16/17 = 0,94 oder 94 Prozent. Deine Annahme über das Wetter wird durch den MP präzisiert. Mit dem Propheten weißt du genauer Bescheid.»

«Na gut, Kalle, dann lass uns doch mal ein anderes Beispiel rechnen, für eine Gegend, in der es nur so etwa alle zehn Tage einmal regnet, wie in Melbourne.»

«Das ist schnell getan. Schau her.» Kalle zeichnet Tabelle 13.

«Das heißt also, dass sich dein toller MP, wenn er Regen ankündigt, häufig irrt, nämlich in 33 Prozent der Fälle! Und dass es nicht regnen wird, sagt er ziemlich genau voraus (38/39 = 97,4 Prozent richtige Vorhersagen), aber das kann ich auch ohne MP, wenn ich weiß, dass es so selten regnet. Lass uns mal sehen, was passiert, wenn es an 90 von 100 Tagen regnet, wie in Zentral-Monsunien!»

«Aber gern, schließlich werbe ich damit, dass intensive Beratungen der große Vorteil des Einzelhandels sind. Also los, aber diesmal spar ich mir die Bildchen.» Mit schnellem Strich skizziert Kalle Tabelle 14 (vgl. S. 52).

«Das ist ja dasselbe in Grün, Kalle. Das, worauf man sowieso

		Vorhersage des MeteoPropheten	
So wird das Wetter wirklich	Verteilung der Tage mit und ohne Regen	Regen	Kein Regen
Kein Regen	40 Tage ohne Regen	5 % von 40 sind 2 Tage ohne Regen	95 % von 40 sind 38 Tage ohne Regen
Regen	5 Regentage	80 % von 5 sind 4 Regentage	20 % von 5 ist 1 Regentag
		Falsch vorhergesagte Regentage: 2/6 = 33 %	Falsch vorhergesagte Nichtregentage: 1/39 = 2,6 %

Tabelle 13: Übersichtstabelle zur Bestimmung der Regenwahrscheinlichkeit bei unterschiedlichen Anzeigen des MeteoPropheten. Annahme: Auf 40 Tage ohne Regen kommen fünf Regentage.

gefasst sein muss, sagt der MP wieder zuverlässig voraus. Nur 0,7 Prozent der Regenankündigungen sind falsch. Kein Wunder, wenn es dauernd regnet. Aber sagt er mal was anderes voraus, dann ist es ziemlich sicher falsch. 65 Prozent Fehlanzeigen! Da beißt sich doch die Katze schon wieder in den Schwanz. Wenn ich weiß, wie das Wetter im Mittel ist, dann kann ich es mit dem MP vorhersagen, und andernfalls nicht! Hab ich das richtig verstanden?»

«Na ja, schon richtig, aber nicht ganz. Ich sagte doch, nach

So wird das Wetter wirklich	Anteil	Vorhersage des MeteoPropheten	
		 Regen	 Kein Regen
Kein Regen	10 %	10 % × 0,05 = 0,5 %	10 % × 0,95 = 9,5 %
Regen	90 %	90 % × 0,80 = 72 %	90 % × 0,20 = 18 %
Summe	100 %	72,5 %	27,5 %
Anteil falscher Beratungen:		0,5/72,5 = 0,7 %	18/27,5 = 65 %

Tabelle 14: Übersichtstabelle zur Bestimmung der Regenwahrscheinlichkeit bei unterschiedlichen Anzeigen des MeteoPropheten. Annahme: Auf einen Tag ohne Regen kommen neun Regentage.

Ablesen der MP-Anzeige weißt du es besser als vorher. Nehmen wir …»

«Nachher ist man immer schlauer.»

«Geduld, Geduld. Nehmen wir das erste Beispiel, denn es entspricht ungefähr unseren Wetterverhältnissen. Ohne Propheten weißt du, dass es an 20 von 40 Tagen regnet. An einem bestimmten Tag beträgt die Regenwahrscheinlichkeit also 20/40 = 0,50 oder 50 Prozent? Mit MP, wenn er Regen ankündigt, beträgt die Regenwahrscheinlichkeit 16/17 = 0,94 oder 94 Prozent. Wenn das keine Zunahme an Sicherheit ist!»

«Und wenn kein Regen angekündigt wird? Ohne MP beträgt die Wahrscheinlichkeit für keinen Regen wieder 20/40 = 0,50 oder 50 Prozent, mit MP erhöht sie sich auf 19/23 = 0,83 oder 83 Prozent. Was sagt mir …»

«… das sagt dir, dass du – 83 Prozent geteilt durch 50 Prozent – nachher 1,7-mal schlauer bist als vorher. Dieses Gerät ist nicht umsonst der Renner der Saison.»

«Im Augenblick fühl ich mich nur eins Komma sieben Mal konfuser als sonst.»

Werner denkt nach. «Ich hab das Gefühl, das Gerät ist für meinen Zweck und bei unserem Wetter zuverlässig genug. Aber wenn ich aus Zucker wäre, dann wär es mir zu unsicher.»

Werner kauft und geht. Und auch Kalle ist zufrieden. Er hat seinem alten Kumpel Werner nicht das Blaue vom Himmel versprochen. Der wird von dem Gerät nicht zu viel erwarten und sich nicht in falscher Sicherheit wiegen.

Aber wer hat schon einen Schrebergarten? Kalles Tochter Bettina beispielsweise interessiert sich überhaupt nicht dafür, ob es an einem bestimmten Tag irgendwann einmal regnet. Sie will nur wissen, ob sie damit rechnen muss, während ihres etwa einstündigen Wochenendspaziergangs nass zu werden. Dabei nützt ihr der Deutsche Wetterdienst gar nichts, weil sie zurzeit in Bordurien arbeitet. Schirm oder nicht Schirm, das ist dort die Frage.

In Zusammenarbeit mit Vera Priori, die inzwischen die erste Priori-Wahrscheinlichkeitsagentur im diesbezüglich bekannten Teil des Universums betreibt, können wir Bettina mit folgenden Fakten und Überlegungen zur Seite stehen. Die Treffsicherheit der bordurischen Regenvorhersage beträgt 83 Prozent. Die durchschnittliche Wahrscheinlichkeit, dass es in Bordurien während einer Stunde irgendwann einmal regnet, liegt bei etwa acht Prozent. Mit diesen Angaben können wir Tabelle 15 aufstellen.

Schauen wir sie uns an. Wenn Regen vorhergesagt wurde, dann beträgt die Wahrscheinlichkeit, dass es Bettina während eines Spaziergangs erwischt, 6,6/22,2 = 0,30 oder 30 Prozent. In 15,6/22,2 = 0,70 oder 70 Prozent der Fälle bleibt es während der einen Stunde trotz Regenvorhersage trocken. Wird kein Regen vorhergesagt, regnet es dennoch in 1,4/77,8 = 0,018 oder 1,8 Prozent der Fälle.

	Wahrscheinlichkeit während einer Stunde	Regen vorhergesagt	Kein Regen vorhergesagt
Kein Regen	92 %	92 % × 0,17 = 15,6 %	92 % × 0,83 = 76,4 %
Regen	8 %	8 % × 0,83 = 6,6 %	8 % × 0,17 = 1,4 %
Summe	100 %	22,2 %	77,8 %
	Anteil falscher Vorhersagen:	15,6/22,2 = 70 %	1,4/77,8 = 1,8 %

Tabelle 15: Übersichtstabelle zur Bestimmung der Wahrscheinlichkeit, dass in Bordurien bei einem einstündigen Aufenthalt im Freien mit Regen zu rechnen ist

	Immer ohne Schirm	Schirm nach Wettervorhersage	Immer mit Schirm
Nutzen: Bei Regen nicht nass geworden	0 %	6,6 %	8 %
Risiko 1: Regen ertragen ohne Schirm	8 %	1,4 %	0 %
Risiko 2: Schirm getragen ohne Regen	0 %	15,6 %	92 %
Risiko 2/Nutzen: So oft muss der Schirm umsonst mitgeschleppt werden, um einmal Nasswerden zu verhindern	–	2,36	11,5
Risiko 1 + Risiko 2: Summe der Unannehmlichkeiten (1-zu-1-Wertung)	8 %	17 %	92 %
3 × Risiko 1 + Risiko 2: Summe der Unannehmlichkeiten (3-zu-1-Wertung)	24 %	19,8 %	92 %
60 × Risiko 1 + Risiko 2: Summe der Unannehmlichkeiten (60-zu-1-Wertung)	480 %	99,6 %	92 %

Tabelle 16: Beschirmungsratgeber für Bettina in Bordurien

Bettina könnte sich für eine der folgenden drei Strategien entscheiden: 1. immer ohne Schirm, 2. streng nach Wettervorhersage, 3. immer mit Schirm. Wenn sie einfach nie den Regenschirm mitnimmt, dann wird sie entsprechend der acht Prozent Regenwahrscheinlichkeit bei 80 von 1000 Spaziergängen nass. Trägt sie ihn immer bei sich, schleppt sie ihn in 920 von 1000 Spaziergängen (= 92 Prozent) vergeblich. Steckt sie den Schirm entsprechend der Wettervorhersage ein, wird sie nur an 14 von 1000 Tagen nass, entsprechend 1,4 Prozent. Dafür muss sie aber an 156 von 1000 Tagen, entsprechend 15,6 Prozent, den Schirm tragen, ohne ihn zu benötigen (Tabelle 16).

Wie kann Bettina diese Strategien bewerten? Die Schirm-nach-Ansage-Methode bedeutet, den Schirm 2,36-mal (15,6 %/6,6 %) umsonst mitzunehmen, um sich einmal gegen den Regen schützen zu können. Wenn sie den Schirm immer mitnimmt, hat sie ihn 11,5-mal (92 %/8 %) pro verhinderten Unglücksfall umsonst dabei und läuft Gefahr, für schrullig gehalten zu werden. Um das zu ertragen, muss sie schon ziemlich wasserscheu sein. Bei der Nie-mit-Schirm-Methode entfällt jegliche Schlepperei, aber es wird auch kein Unglück verhindert.

Wer es für ein genauso schlimmes Unglück hält, einmal umsonst den Schirm zu tragen wie einmal nass zu werden (Eins-zu-eins-Wertung), der ist mit der Immer-ohne-Schirm-Strategie am besten beraten. Findet man es dreimal schlimmer, nass zu werden, als den Schirm umsonst mitzuschleppen (Drei-zu-eins-Wertung), dann sollte man den Schirm nach Wettervorhersage mitnehmen. Ist es hingegen für jemanden 60-mal schlimmer, ohne Schirm vom Regen überrascht zu werden (60-zu-eins-Wertung), sollte er den Schirm immer bei sich tragen. Genaueres Rechnen mit ganzzahligen Wertungen zeigt, dass es nur für solche Spaziergänger Sinn macht, auf den Wetterbericht zu achten, deren Regenphobie zwischen 2- und 54-mal größer ist als die Schirm-umsonst-dabei-Phobie.

Bettina hat sich dafür entschieden, ganz auf den Regenschirm zu verzichten. «Der passt zu keinem Outfit. Einhändig in der Wanderkarte blättern kann ich auch nicht. Und wenn dann noch das Handy trällert ...», ließ sie uns wissen. Die Bemerkung «Das hättest du auch eher sagen können» behielten wir für uns.

Wir meinen, dass Bettina gut beraten wurde. Für welche Strategie sie sich entscheidet, ist aber ausschließlich ihre Sache. Mit den geschilderten Risiken kann man sehr unterschiedlich umgehen. Damen mit äußerst empfindlicher Frisur oder Aliens mit ebenso wasserscheuen Schaltkreisen werden immer einen Schirm mitnehmen, wir norddeutschen Glatzköpfe tun es nie.

6. Wo bleibt Hartmut?

Der Umgang mit geschätzter Vorinformation. Wie Erwartungen das Urteil beeinflussen.

Wer Eier nach Gefühl kocht,
wird mit Wahrscheinlichkeiten auch nicht anders umgehen.
Hans-Hermann Dubben

Celina: «Wo bleibt Hartmut nur? Sonst kann man die Uhr nach ihm stellen.»

Matthias: «Wenn das so ist, dann ist es wohl noch nicht acht.»

Celina: «Witzig. Ich mach mir ernsthaft Sorgen!»

Matthias: «Wer sich Sorgen macht, hat noch nicht genug davon.»

Celina: «Würdest du so gütig sein, es ernst zu nehmen, wenn ich besorgt bin?»

Thomas: «Man kann sich doch ausrechnen, ob es Grund zur ...»

Celina: «Auch das noch! – Marina, hilf mir!»

Marina: «Hm, also. Also, mein Mario ist doch auch noch nicht da. Aber ich trau ihm, ehrlich gesagt, auch ohne weiteres zu, dass er es heute noch schaffen wird. Was sollte denn auch sein?»

Celina: «Habt ihr eigentlich schon mal gehört, dass Menschen in Verkehrsunfälle verwickelt werden?»

Thomas: «So, nun lass uns das doch mal vernünftig angehen. Da ist noch Platz auf dem Bierdeckel, um etwas zu rechnen. In Hamburg gibt es jedes Jahr etwa 45 Verkehrstote und 900 Schwerverletzte ...»

Abbildung 5 (Suchbild): Wo bleibt Hartmut?

Celina: «Danke für deine ermutigenden Worte!»

Matthias: «Wenn eine Frau sich Sorgen machen will, kannst du doch nicht ernsthaft mit Logik gegenan…»

Celina und Marina: «Reißt euch zusammen!!»

Thomas (Handy mit Taschenrechnerfunktion zückend): «… in jedem Jahr rund 45 Verkehrstote und etwa 900 Schwerverletzte. Hamburg hat 1,7 Millionen Einwohner. Damit ist das Risiko, an einem beliebigen Tag einen tödlichen Verkehrsunfall zu erleiden, etwa eins zu 14 Millionen. Das ist so unwahrscheinlich wie sechs Richtige im Lotto. Die Wahrscheinlichkeit, bei einem Verkehrsunfall schwer verletzt zu werden, beträgt täglich für jeden Hamburger Bürger etwa eins zu 700 000.»[1]

Matthias: «Aber es sind doch gar nicht jeden Tag alle Hamburger unterwegs. Manche bleiben den ganzen Tag zu Hause.

---

1 1 700 000 × 365/45 = 13 788 889, also etwa 14 Millionen; 1 700 000 × 365/900 = 689 444, also etwa 700 000.

Die sind doch gar nicht im Risiko. Außerdem geht es hier doch nur um den Abend und nicht um ganze 24 Stunden.»

Thomas: «Ja – stimmt ja. Aber was ich hier ausrechnen will, ist auch nur eine grobe Abschätzung des Risikos. Das reicht doch zur Beruhigung aus. Sieh mal, eins zu 700 000 entspricht ungefähr dem jährlichen Risiko, vom Blitz erschlagen zu werden.»

Celina: «Trotzdem trifft es hin und wieder jemanden. Außerdem weiß ich doch, dass Hartmut nicht zu Hause vorm Fernseher sitzt, sondern mit dem Auto unterwegs ist, und ich weiß, dass er sich so gut wie nie verspätet. Das hast du alles nicht berücksichtigt.»

Thomas: «Ich bin ja auch noch nicht fertig. Seit gut zwei Jahren treffen wir uns hier einmal in der Woche ...»

Celina: «... und Hartmut ist nur einmal zu spät gekommen. Stau. Da war auf der A 7 ein Laster mit Ölsardinen umgefallen.»

Matthias: «Sehr exotisch. Das ist doch bestimmt noch seltener, als vom Meteoriten erschlagen zu werden?»

Thomas: «Seit gut zwei Jahren ... also einmal zu spät in etwa 100 Wochen mit 100 Treffen. Die Wahrscheinlichkeit für eine undramatische Verspätung liegt bei Hartmut demnach bei etwa eins zu 100. Das schreib ich hier auf den ersten Bierdeckel ... Auf den zweiten Deckel schreibe ich, was wir erwarten können, wenn wir 700 001 Abende betrachten ...

An einem dieser Abende wird er im Mittel einen Unfall haben und dann ganz bestimmt nicht pünktlich kommen. An 700 000 unfallfreien Abenden wird er sich 700 000/100 = 7000-mal verspäten und 693 000-mal pünktlich eintreffen. Die Wahrscheinlichkeit, dass Hartmut einen schweren Autounfall hatte, wenn er nicht pünktlich kommt, beträgt 1/7001 = 0,000143 oder 0,0143 Prozent.»

Matthias: «Und wann darf man sich Sorgen machen? Ist das international festgelegt?»

Celina: «Das darf ich mir doch wohl selber aussuchen.»

Matthias: «Dann brauchst du aber den ganzen Zahlenzauber nicht.»

Celina: «Hab ich irgendjemanden gebeten, irgendetwas auszurechnen? Wenn Hartmut einen Unfall hatte, dann ist es mir wirklich egal, mit welcher Wahrscheinlichkeit er ihn haben durfte. Das lindert doch keine Not. Außerdem kann ich mir ganz alleine Sorgen machen, dazu muss ich euch nicht extra bemühen. Und ich mache sie mir, wann ich will.»

𝍸 I	Hartmut kommt nicht pünktlich	Hartmut kommt pünktlich
Hartmut hat einen schweren Autounfall	100 %	0 %
Hartmut geht es gut	1 %	99 %

Tabelle 17: Erster Bierdeckel – Wahrscheinlichkeit für Pünktlichkeit und Unpünktlichkeit bei Hartmut, je nachdem, ob es ihm gut geht oder ob er einen schweren Autounfall hat

Matthias: «Sagte ich doch. Außerdem, indem du hier herumsitzt und dir die Haare raufst, verhinderst du auch keinen Unfall. Entweder du kannst etwas für Hartmut tun, dann tu es, oder du kannst es nicht, dann hat es keinen Sinn, sich lange darüber zu grämen. Das ist alles nur eine Frage der inneren Einstellung. Sieh dir Marina an. Die Ruhe selbst, und von Mario keine Spur.»

Marina: «Um Mario wäre ich eher besorgt, wenn er plötzlich pünktlich käme. Würde er wenigstens jedes zweite Mal zur verabredeten Zeit erscheinen, wäre das schon ein Fortschritt.»

		Hartmut kommt nicht pünktlich	Hartmut kommt pünktlich
Hartmut hat einen schweren Autounfall	1	1	0
Hartmut ist okay	700 000	7000	693 000
Summe	700 001	7001	693 000

Unfallwahrscheinlichkeit 1/7001 = 0,0143 %

Tabelle 18: Zweiter Bierdeckel – Wahrscheinlichkeit für einen schweren Autounfall von Hartmut. Hier lassen wir außer Acht, dass Hartmut auch aus einem anderen dramatischen Grund zu spät kommen könnte.

Thomas: «Von wegen innere Einstellung. Marina verhält sich da sehr vernünftig. Jetzt brauch ich noch einen dritten Deckel … An einem von 700 000 Abenden wird auch Mario im Mittel einen Unfall haben und deshalb nicht pünktlich kommen. An 700 000 unfallfreien Abenden wird er bestenfalls 700 000/2 = 350 000-mal pünktlich sein und 350 000-mal nicht. Die Warscheinlichkeit, dass Mario einen schweren Autounfall hatte, wenn er die Verabredung nicht einhält, beträgt 1/350 001 = 0,00000286 oder 0,000286 Prozent. Das sieht wirklich nicht Besorgnis erregend aus. Und Marina darf gut und gerne um den Faktor 0,0143/0,000286 = 50 weniger besorgt sein als Celina.»

Matthias: «Ist sie auch, das sieht man doch. Aber da kommen ja die Vermissten. Noch dazu gleichzeitig. Das ist, als würde man vom Meteoriten *und* vom Blitz gleichzeitig … oder?»

Celina: «Hartmut, wo hast du gesteckt?»

Hartmut: «Unterm Auto.»

		Mario kommt nicht pünktlich	Mario kommt pünktlich
Mario hat schweren Autounfall	1	1	0
Mario ist okay	700 000	350 000	350 000
Summe	700 001	350 001	350 000

Unfallwahrscheinlichkeit 1/350 001
= 0,000286 %

Tabelle 19: Dritter Bierdeckel – Tabelle für einen schweren Autounfall von Mario. Wir lassen außer Acht, dass er auch aus einem anderen dramatischen Grund nicht pünktlich kommen könnte.

Mario: «… ich hab ihn erst gar nicht gesehen. Nur die Schuhe … na, und natürlich seinen nagelneuen Beagle …»

Hartmut: «… der nicht ansprang. Der Anlasser gab keinen Mucks von sich. Bei meinem alten Käfer halfen da manchmal leichte Schläge auf denselben … aber darauf hat der neue nicht reagiert. Und dann kam Mario vorbei.»

Mario: «Ich war zufällig etwas spät dran. War noch kurz bei Günther und so. – Ist hier alles klar? Ihr seht zum Teil etwas angespannt aus.»

Marina: «Ich bin nur froh, dass du so schön unpünktlich bist, Mario. Da bleibt einem viel erspart.»

Celina: «Nimm dir mal ein Beispiel daran, Hartmut.»

Hartmut und Mario: «Beim wievielten Bier seid ihr denn?»

Thomas: «Ich hab mal eine Autowerbung gesehen: Junge attraktive Frau wartet zu Hause voller Sorge auf ebenso attraktiven jungen Ehegatten. Der kommt mit erheblicher Verspätung nach Hause und entschuldigt sich mit einer Panne an seinem Fahrzeug. Daraufhin kassiert er eine Ohrfeige und die Bemerkung, er solle sich das nächste Mal eine bessere Ausrede einfallen lassen.»

Celina: «Was willst du denn damit sagen? Mario hat ihn doch …»

Thomas: «Gute Güte. Das war eine Werbung für ein extrem zuverlässiges Auto …»

Matthias: «… die eingestellt wurde, weil bald kein Mann mehr dieses Auto kaufte.»

007. Der Beschuss der chinesischen Botschaft im Kosovokonflikt

Wenn Informationen fehlen, hängt das rationale Urteil vom Vor-Urteil ab, manchmal sogar entscheidend.

Krieg:
nichts als eine Fortsetzung
des politischen Verkehrs
mit Einmischung anderer Mittel.
Carl von Clausewitz

Ein nahezu friedlicher sonniger Samstagmittag im Mai 1999. Matthias kniet im Garten und streicht seinen Zaun.

«Na, streichelst du wieder deinen Zaun mit dem Ökolack, der alle sechs Wochen aufgefrischt werden muss?», frotzelt Hartmut, der mit seiner Schubkarre zum Komposthaufen der Sackgassenbewohner unterwegs ist.

«Ja, ja, der aus dem Tuschkasten», erwidert Matthias. «Und was hast du da unter den Zweigen? Wieder Maulwürfe geschossen, oder ist es diesmal die Schwiegermutter?»

«Lass die Scherze. Du weißt, ich darf nicht so schwer heben», brummt Hartmut und schlurft weiter.

Die beiden necken sich bei jeder Gelegenheit. Am meisten Spaß haben Nachbarn und Familie, wenn Matthias und Hartmut über Politik reden. Matthias hat diese Welt schon immer von links gesehen und Hartmut schon immer von rechts. Das wissen die beiden auch voneinander. Trotzdem wundern sie sich immer wieder aufs Neue, dass sie nicht dasselbe sehen und ein und dieselbe Sache ganz unterschiedlich einschätzen. Nur in einem sind sie sich einig: dass der andere unbelehrbar ist.

Hartmut kommt mit der leeren Schubkarre zurückgeschlurft und bleibt bei Matthias stehen: «Hab gerade die Nachrichten gehört. Die Nato hat die chinesische Botschaft in Belgrad beschossen. Drei Botschaftsangehörige wurden getötet, über 20 Personen verletzt.»

Matthias hört auf zu streichen: «Echt? Deine Nato?»

«Wo gehobelt wird, da fallen Späne. Aber jetzt mal sachlich. Es war wohl ein Versehen», erklärt Hartmut, «sie wollten das zentrale Waffenbeschaffungsamt Jugoslawiens treffen. Aber der Schuss mit so einer PDS-gesteuerten Waffe ging daneben.»

«G-P-S!», buchstabiert Matthias.

«GPS? Weißt du, was das ist?»

«GPS ist die Abkürzung für Global Positioning System. Dafür sind 25 Satelliten auf sechs Bahnen im Umlauf. Der Benutzer eines GPS-Navigationsgerätes kann binnen Sekunden seine Position bestimmen, indem er die Signale verschiedener Satelliten empfängt und entsprechend verrechnet. Das GPS-Satellitensystem wurde vom US-Verteidigungsministerium installiert, um die Steuerung von Militärfahrzeugen und Waffensystemen zu vereinfachen. Der US-Kongress hat die Mittel zum Aufbau des Systems jedoch nur unter der Bedingung genehmigt, dass es auch der zivilen Nutzung zur Verfügung steht. Damit aber nicht jeder mit gleicher Treffsicherheit in die Gegend schießen kann, senden die GPS-Satelliten zwei Signale aus, ein verschlüsseltes, präzises für die Nato und ein unverschlüsseltes, künstlich ungenau gemachtes für jedermann.»

«Danke für den Vortrag. – Mit den Dingern kann man also ziemlich genau treffen?»

«Auf wenige Meter genau. Und dann glaubst du, dass die damit danebenschießen?»

«Warum nicht? Es kann doch mal was schief gehen.»

«Mensch, im Kosovo ist Krieg. Da halten Militärs und Geheimdienste zuweilen Aktionen für notwendig, die sie später nur schwer rechtfertigen können, denn manche Aktion verliert ihre Wirkung, wenn sie wahrheitsgemäß begründet wird. Die meisten sind ohnehin nur nachvollziehbar, wenn sehr viele Informationen mitgeliefert werden – auch geheime. Deshalb solltest du dich lieber nicht darauf verlassen, in den Nachrichten nur die reine Wahrheit zu erfahren – und schon gar nicht in Kriegszeiten.»

«Denk man nicht, dass ich alles für bare Münze nehme», erwidert Hartmut. «Die Entschuldigung einer Regierung, dass drei ihrer Agenten nur aus Versehen bei drei verschiedenen Anlässen auf den Präsidenten des verfeindeten Nachbarlandes geschossen haben, würde ich natürlich auch nicht glauben, einfach weil derartige Ausrutscher enorm unwahrscheinlich sind. Aber deswegen sind doch nicht alle Nachrichten Falschmeldungen. Dass man mal danebenschießt, liegt doch im Bereich des Möglichen.»

Matthias schüttelt den Kopf und legt den Pinsel weg: «Trinkst du einen Tee mit?»

Hartmut nickt. «Mit Rum, ohne Tee? Gerne!»

Die beiden gehen in die Küche. Das Küchenradio freut sich, Zuhörer zu haben. Während vom Teewasser erwartet wird, dass es endlich kocht, kommen erneut Nachrichten. Ein Versehen, lässt die Nato wissen. Die CIA, die die meisten Angriffsziele in Jugoslawien aussucht, habe überholte Landkarten und Satellitenfotos verwendet. Ein Offizier des Pentagons erklärt lakonisch: «Wir haben eine Stelle auf der Karte mit einem X markiert, aber es war die falsche Stelle.»

Im anschließenden Kommentar wird festgestellt, dass die Bombardierung der chinesischen Botschaft zu einem Zeitpunkt erfolgt sei, als Präsident Clinton mit Russland, europäischen Ländern und UN-Generalsekretär Kofi Annan intensiv an einer diplomatischen Lösung des Balkankriegs gearbeitet habe. Gerade einen Tag zuvor hätten die Außenminister der G8-Staaten

Abbildung 6: Gewünschtes bitte ankreuzen.

einschließlich Russlands auf ihrem Treffen in Bonn eine Einigung über die Schlüsselelemente einer Resolution des UN-Sicherheitsrates zur Beendigung des Krieges erzielt. Im Punkt 4 des erarbeiteten Dokuments sei an die deutsche Regierung, die gerade die rotierende Präsidentschaft der G8-Staaten innehabe, der offizielle Auftrag ergangen, die chinesische Regierung über die Ergebnisse der Konsultationen zu informieren. Da China im Weltsicherheitsrat ein Vetorecht habe, müsse es das Vorhaben unterstützen oder zumindest tolerieren.

«Na, dein heiß geliebter Schröder wird nicht viel ausrichten in Peking», fügt Hartmut den Nachrichten hinzu. «Sein ursprünglich für vier Tage geplanter Besuch wurde auf einen Tag verkürzt.»

«Genau das spricht für eine vorsätzliche Aktion», kontert Matthias. «Der Zeitpunkt der Bombardierung ist so gewählt, dass ein Ende des Krieges verhindert wird. Den Militärs ‹droht›

Frieden. Und die wollen ihren Spielplatz zum Ausprobieren neuer Waffen noch nicht hergeben.»

«Wann lernst du endlich, dass wir nicht *trotz*, sondern *wegen* der Nato und ihren Militärs in Frieden und Freiheit leben?»

Im Radio folgen weitere Nachrichten und Kommentare zum Thema. Ein Sprecher der amerikanischen Regierung erklärt, grundsätzlich alle Ziele würden von CIA und Pentagon vorgeschlagen, daraufhin allerdings vom europäischen Nato-Kommando und deren Geheimdiensten genau überprüft und abgezeichnet. Ein Militärexperte erklärt, die GPS-gesteuerten Waffen enthielten automatische Mechanismen, die den Beschuss «verbotener Ziele», allem voran die Bombardierung ausländischer Botschaften, verhindern sollten.

«Absicht!», flucht Matthias. «Die chinesische Botschaft ist seit 1996 in dem beschossenen Gebäude untergebracht. Es ist in jedem Touristenstadtplan eingezeichnet. Auch der US-Militärattaché in Belgrad hat die chinesische Botschaft mehrmals besucht und immer an derselben Stelle vorgefunden. An mangelnder Information kann es doch wirklich nicht gelegen haben.»

«Menschliches oder technisches Versagen!», behauptet Hartmut. «Oder glaubst du wirklich, dass hinter jedem Flugzeugabsturz ein Massenmörder steckt?»

Matthias atmet mehrmals ganz tief durch, zählt in Gedanken bis zehn und schlägt vor: «Was für ein Wirrwarr von Informationen und Spekulationen. Lass uns doch mal möglichst sachlich darangehen. Wie wahrscheinlich ist es, dass die chinesische Botschaft *zufällig* beschossen wurde?»

«Wie? So richtig in Prozent?»

«Ja. Du behauptest: 100 Prozent Zufall. Und ich sage: Null Prozent Zufall. Die Wahrheit könnte doch aber auch dazwischenliegen?»

Matthias holt Papier und Bleistift. Auf dem Rückweg macht

er das Radio aus, setzt sich zu Hartmut und überlegt laut: «Belgrad hat über eine Million Einwohner. Wie viele Gebäude wird es da wohl geben?»

«Keine Ahnung.»

«Ich auch nicht.»

Matthias holt sein verstaubtes Lexikon aus dem Wohnzimmer. «Belgrad hatte in den siebziger Jahren 1,3 Millionen Einwohner. Hamburg hatte 1970 etwa 180 000 Wohngebäude bei ungefähr 1,8 Millionen Einwohnern. Das macht ein Gebäude pro zehn Einwohner. Für Belgrad ergeben sich somit 130 000 Wohngebäude. Also sagen wir mal rund 100 000 Gebäude.»

«Meinetwegen.»

«Nicht alle Stadtteile kommen für einen Beschuss infrage, beispielsweise reine Wohngebiete. Dann sind vielleicht nur zehn Prozent der Gebäude gefährdet – das wären etwa 10 000. Wie viele Gebäude mit ähnlich kriegsverlängernder Wirkung wie das der chinesischen Botschaft mag es in Belgrad geben?»

«Wie wär's mit der russischen Botschaft?», meint Hartmut.

«Stimmt. Fällt dir noch was ein?»

«Im Moment nicht.»

Matthias denkt weiter laut: «Die Wahrscheinlichkeit, dass der erste Fehlschuss einer GPS-gesteuerten Waffe rein zufällig ausgerechnet zu diesem Zeitpunkt eines dieser beiden Gebäude treffen würde, beträgt daher schätzungsweise 2/10 000 = 0,0002 oder 0,02 Prozent – das ist verdammt unwahrscheinlich!»

«Moment, Moment! Ich hab ja schon mal gesagt: Wo gehobelt wird, da fallen Späne. Und je mehr geschossen wird, umso wahrscheinlicher wird es, dass es auch mal einen Unschuldigen trifft. Die haben nicht nur einmal mit einer GPS-Waffe geschossen, sondern etwa 100-mal in diesem Kosovokrieg. Hab ich grad heute Morgen in der Zeitung gelesen.»

«Ja, aber zu diesem Zeitpunkt ... ach, egal, meinetwegen 100. Die Wahrscheinlichkeit, dass irgendeines dieser 100 Geschosse rein zufällig versehentlich auf die chinesische Botschaft gelenkt wird, beträgt somit 100 × 0,02 Prozent, also zwei Prozent[1].»

«Zwei Prozent Wahrscheinlichkeit für Zufall? Das ist doch ziemlich viel. Shit happens! Weiß doch jeder. Außerdem reden wir von der Nato und nicht von der Mafia. Die Nato hat in den letzten Jahrzehnten unsere Freiheit garantiert, und da ist es völlig unmöglich, dass die auf einmal anfangen, mit Absicht Botschaften in die Luft zu sprengen wie deine Freunde von der ...»

«... hallo, Hartmut, komm zurück auf den Teppich. Tief durchatmen, bis zehn zählen und weiter. Also: Wenn die Amerikaner beabsichtigen, ein bestimmtes Gebäude in Belgrad mit einer GPS-gesteuerten Waffe zu beschießen, dann trauen wir ihnen doch zu, dass ihnen dies mit praktisch 100-prozentiger[2] Sicherheit gelingt.»

«Na klar, das sind doch keine Anfänger.»

«Endlich sind wir uns mal einig», sagt Matthias. «Aber wir benötigen noch eine weitere Angabe: Für wie wahrscheinlich halten wir es generell, dass CIA oder Pentagon derartige Aktionen absichtlich durchführen?»

«Das machen die nie», meint Hartmut.

«Jetzt wird es schwierig», stöhnt Matthias. «‹Nie› kann nicht sein. Das zeigt zum Beispiel die missglückte Invasion an der Schweinebucht auf Kuba.» Matthias blättert im Lexikon: «Das war am 17. April 1961. Eine der größten Blamagen des CIA. Weit über 1000 der von US-Militärs trainierten Exilkubaner gingen in Gefangenschaft, 200 kamen bei dem Unternehmen um.

---

1 Matthias denkt bei sich: «Das ist natürlich nur eine Näherung. Exakt gerechnet sind es $1 - (1-0{,}0002)^{100} = 0{,}0198$ oder 1,98 Prozent. Da aber alle anderen Zahlen geschätzt sind, ist das genau genug für unsere Zwecke.»

2 Genau genommen kann man für den Fall einer mutwilligen Aktion die Trefferwahrscheinlichkeit nur mit maximal 98 Prozent annehmen, da wir ja davon ausgehen, dass 2 Prozent der Schüsse danebengehen.

Der damalige US-Botschafter bei der UNO, Adlai Stevenson, behauptete seinerzeit, die USA hätten mit der Invasion nichts zu tun. Erst Jahrzehnte nach dem Vorfall hat der CIA selbstkritisch das eigene Versagen bei dem völlig fehlgeschlagenen Landungsunternehmen eingestanden.»

«Ja, ja! Das war eine ganz andere Situation», brummelt Hartmut. «Das war notgedrungen und für den Erhalt des Weltfriedens unerlässlich. Auch so etwas kommt vor. Aber nur ganz selten. Vielleicht in einem von 1000 Fällen.»

Matthias lacht auf: «Einer von 1000!? Das Pentagon ist doch nicht die Heilsarmee. Nee, mein Lieber! Einer von zehn. Das halte ich bei vorsätzlichen ‹Versehen› des Pentagons für angemessen.»

«Einer von 1000!»

«Quatsch, einer von zehn!»

(*Ignorieren Sie vorerst diese Zeile.)

Da nirgendwo verlässlich niedergeschrieben ist, wie oft CIA, Pentagon oder Nato in schweinebuchtähnliche Situationen geraten sind und wie sie sich dann verhalten haben, können die beiden jetzt ewig weiterstreiten. Sie haben verschiedene politische Erfahrungen gemacht und kommen damit zu unterschiedlichen Einschätzungen für die genannten Institutionen.

«Ist das eigentlich wichtig für deine Rechnereien, ob einer von zehn oder einer von 1000?», will Hartmut auf einmal wissen.

«Äh, weiß ich nicht. Lass uns doch mit beiden Zahlen rechnen. Dann werden wir es ja sehen.»

Die beiden stellen die Tabellen 20 und 21 zusammen. Dabei gehen sie von ihren zwei unterschiedlichen Vor-Urteilen aus.

Matthias betrachtet «seine» Tabelle 20: «Bei rationaler Überlegung komme ich zu dem Schluss, dass die chinesische Botschaft sehr wahrscheinlich mit Absicht beschossen wurde. Mit meinem Vor-Urteil von zehn Prozent für vorsätzliche ‹Versehen› des Pentagons erhalte ich eine Wahrscheinlichkeit von 10/11,8 = 0,85 oder 85 Prozent für eine mutwillige Aktion.»

«Na, die Folgen deines Vor-Urteils passen ja gut zu deinem Verfolgungswahn», sagt Hartmut. «Für mich sieht die Sache ganz anders aus, wie Tabelle 21 zeigt: Bei rationaler Überlegung

	Matthias' Vor-Urteil	Sensibles Gebäude getroffen	Kein sensibles Gebäude getroffen
Zufall:	90 %	90 % × 0,02 = 1,8 %	90 % × 0,98 = 88,2 %
Mutwillige Aktion:	10 %	10 % × 1 = 10 %	10 % × 0 = 0 %
Summe:		11,8 %	88,2 %
Wahrscheinlichkeit für mutwillige Aktion:		10/11,8 = 0,85 oder 85 %	

Tabelle 20: Bestimmung der Wahrscheinlichkeit, dass der Beschuss der chinesischen Botschaft in Belgrad ein «zufälliger Zufall» war, ausgehend von Matthias' Vor-Urteil

komme ich zu dem Schluss, dass ein dummer Zufall sehr viel wahrscheinlicher ist als eine vorsätzliche Tat. Mit meinem Vor-Urteil von 0,1 Prozent für vorsätzliche Missgeschicke der Nato-Verbündeten ergibt sich für mich nach den Umständen des Falls eine Wahrscheinlichkeit von lediglich 1/21 ≈ 0,05 oder fünf Prozent für Vorsatz und 100 × 5 = 95 Prozent für einen Zufall.»

Beide schweigen eine ganze Welle. Offenbar kann so keine Einigung erzielt, wohl aber Verständnis für die Sicht des anderen geweckt werden. Beide haben unterschiedliche Vor-Urteile hinsichtlich des Zwischenfalls in Belgrad und erhalten deshalb mit exakt denselben Informationen und denselben rationalen Verknüpfungen unterschiedliche Nach-Urteile, und zwar zwangsläufig und auf logischem Wege, ohne dass einer der beiden der Dümmere sein muss. Beide haben durch das Ereignis dazugelernt und ihr Weltbild ein wenig verändert. Matthias' Einschätzung hat sich von «einer von zehn» zu «85 von 100» verschoben. Natürlich triumphiert er, schließlich hat er schon immer geahnt, dass alles noch viel schlimmer ist, als er je zu denken wagte. Aus Hartmuts Vor-Urteil «einer von 1000», wird

	Hartmuts Vor-Urteil	Sensibles Gebäude getroffen	Kein sensibles Gebäude getroffen
Zufall:	99,9 %	99,9 % × 0,02 ≈ 2 %	99,9 % × 0,98 = 97,9 %
Mutwillige Aktion:	0,1 %	0,1 % × 1 = 0,1 %	0,1 % × 0 = 0 %
Summe:		2,1 %	97,9 %
	Wahrscheinlichkeit für mutwillige Aktion:	0,1/2,1 ≈ 0,05 oder 5 %	

Tabelle 21: Bestimmung der Wahrscheinlichkeit, dass der Beschuss der chinesischen Botschaft in Belgrad ein «zufälliger Zufall» war, ausgehend von Hartmuts Vor-Urteil

das Nach-Urteil «fünf von 100». Damit hat er *nach* dem Beschuss der chinesischen Botschaft ungefähr die gleiche Meinung von den Nato-Verbündeten wie Matthias vor dem Beschuss. Wenn eines Tages wieder durch zufälligen Zufall die Nato-Verbündeten in einen dubiosen Zwischenfall verwickelt sind und Matthias und Hartmut die Sache erneut diskutieren, dann etwa so:

«Fünf von 100!»

«Quatsch, 85 von 100!»

Lesen Sie erneut von der Zeile mit dem * an, und ersetzen Sie die Zahlen sinngemäß.

Vor-Urteile sind verpönt, aber offenbar geht es nicht ohne sie. So viel Information über ein Geschehen wir auch durchdenken, wir können allein auf ihrer Grundlage keine Wahrscheinlichkeiten berechnen und zu keinem Nach-Urteil kommen. Unser Vor-Urteil über Vor-Urteile lautet daher: Vor-Urteile ja; darauf beharren nein.

«Da war doch auch der Abschuss dieses Tarnkappenbombers», bemerkt Hartmut zum Abschied. «Ist schon merkwürdig ... die Dinger sind doch angeblich unsichtbar auf dem Radarschirm. Das sollten wir auch mal eines Tages durchrechnen.»

sieben vor 8. Vom Rückschritt des Fortschritts

Trugschluss durch das Will-Rogers-Phänomen. Reinfall beim Vergleich von Alt und Neu.

Fumum vendidi.
Noah Gordon

Marina feiert ihren vierzigsten Geburtstag. Grillparty. Die Sonne und die Bewohner der Sackgasse sind der Einladung gefolgt. Alle sind da – bis auf Hartmut.

«Hallo, Celina, kommt Hartmut mal wieder zu spät?», fragt Matthias die etwas besorgt dreinblickende Celina.

«Er kommt zu spät, aber er hat es ordnungsgemäß angemeldet», erwidert sie. «Du musst dir also keine Sorgen machen. Er sitzt noch über seinen Büchern.»

«Da mach ich mir aber doch Sorgen. Seit wann liest Hartmut Bücher, noch dazu, wenn es nebenan Freibier und Würstchen gibt?»

«Er liest nicht, er schreibt! Und nicht zum Vergnügen. Als Gebietsleiter seiner Versicherung soll er morgen seinen Jahresbericht vorlegen.»

«Das hätte er auch eher machen können. So oft wird Marina nicht 40, und es war 40 Jahre lang abzusehen, dass dies heute sein wird.»

«Er muss eine Umsatzsteigerung von mindestens fünf Prozent gegenüber dem Vorjahr vorweisen, sonst ist er seinen Job los, meint Hartmut. Seine Umsatzsteigerung ist plus/minus null. Und nun wühlt er in seinem Computer und seinen Papieren, ob er nicht irgendwas übersehen hat. Außerdem ist er verdammt schlecht drauf.»

«Ich geh mal rüber», sagt Matthias und schnappt sich zwei Bier und zwei Teller mit Würstchen.

«Mach mal auf, hab keine Hand frei.»

«Was gibt's denn?!», meckert Hartmut.

«Bier und Würstchen mit Senf. Darf ich dir beim Zahlenverdrehen helfen?»

Hartmut hat Mühe, unfreundlich zu bleiben: «Meinetwegen komm rein, aber zu helfen gibt es nichts mehr. Den Job bin ich los. Wie soll ich bloß meine Hypothek abbezahlen?»

«Du könntest mit Thomas eine Pommes-Bude aufmachen. – Was ist das für eine schöne Tabelle? Zeig mal her.»

Bezirk	Juli 99 bis Juni 2000	Juli 2000 bis Juni 2001
Flensburg	400	400
Schleswig	500	500
Kiel	600	600
Neumünster	700	700
Lübeck	800	800
Wedel	900	900
Mölln	1000	1000

Tabelle 22: Jahresumsätze der Mitarbeiter von Hartmut Sägefrech in tausend Euro

Hartmut arbeitet bei einer Versicherung als Gebietsleiter für Schleswig-Holstein. Genau genommen für zwei Gebiete: das nördliche und das südliche Schleswig-Holstein. Das nördliche Gebiet hat er vor drei Jahren dazubekommen, als der damalige Gebietsleiter in Rente ging. Ihm unterstehen sieben Vertreter, die jeweils einen Bezirk beackern. Auf seinem Schreibtisch liegen allerlei Papierstapel und die Tabelle 22 mit den Jahresumsätzen seiner Mitarbeiter in den einzelnen Bezirken.

«Das ist ja ein richtiges Nord-Süd-Gefälle», staunt Matthias.

«Ja, eine komische Sache. Das zieht sich bis nach Bayern durch. Frag mich nicht, warum das so ist.»

«Und wo liegt das Problem?»

«Wie du siehst, haben sich die Umsätze überhaupt nicht geändert – was eigentlich in diesem Jahr ein Riesenerfolg ist. Denn in unserer Branche ist zurzeit Krise angesagt. Es ist richtig schwer geworden ...»

«... aber du sollst mindestens fünf Prozent Umsatzsteigerung erwirtschaften. Hat Celina mir gerade verraten.»

«Genau. Entweder es ändern sich die Zahlen, oder es ändern sich die Gesichter, lautet die gegenwärtige Parole zur Mitarbeitermotivation.»

«Und was ist das für eine gestrichelte Linie?»

«Das ist die Gebietsgrenze zwischen nördlichem und südlichem Schleswig-Holstein.»

«Und was ist das hier?» Matthias zeigt auf die Tabelle 23.

«Das ist die Tabelle, die ich abgeben muss. Jahresumsatz pro Mitarbeiter in den beiden Gebieten.»

«Die große Tabelle 22 hier oben, die musst du nicht abgeben?»

«Nein.»

«Wer legt die Grenze zwischen nördlichem und südlichem Schleswig-Holstein fest?»

«Niemand ... So war es halt, als ich es übernommen habe.»

«Kannst du die Grenze verschieben?»

«Das kann ich machen, wie ich will. Steht ja eh nur auf dem Papier.»

«Fein! – Fünf Prozent brauchst du? Ich glaube, dem Manne kann geholfen werden, dank flexibler Organisationsstrukturen.»

«Jetzt fang du nicht auch noch damit an. Davon klingeln mir schon die Ohren von unseren Gebietsleitertreffen und Fortbildungen.»

Gebiet	Juli 99 bis Juni 2000	Juli 2000 bis Juni 2001
Nördliches Schleswig-Holstein	500	500
Südliches Schleswig-Holstein	850	850

Tabelle 23: Jahresumsätze pro Mitarbeiter in den beiden Gebieten von Hartmut Sägefrech in tausend Euro

«Umso besser. Wird Zeit, dass du das Gelernte mal anwendest. Also: Du versetzt für die Zeit von Juli 2000 bis Juni 2001 den Vertreter von Neumünster ins nördliche Schleswig-Holstein.»

«Das nützt doch nichts. Die Umsätze pro Mitarbeiter und Jahr müssen doch in *beiden* Gebieten steigen», gibt Hartmut zu bedenken.

«Tun sie ja auch.» Matthias zeichnet in Tabelle 22 eine neue Grenze ein und erhält Tabelle 24. «Die Grenzen darfst *du* doch festlegen.»

«Ja, ja.»

«Und wie groß ist jetzt der Umsatz pro Verkäufer zwischen Juli 2000 bis Juni 2001 im nördlichen Schleswig-Holstein?»

«400 und 500 und 600 und 700 macht zusammen 2200, geteilt durch vier sind 550», rechnet Hartmut.

«Das sind 50 mehr als im Vorjahr – eine Steigerung um satte zehn Prozent», ergänzt Matthias. «Und im Süden: «800 und 900 und 1000 macht zusammen 2700, geteilt durch drei sind 900! Ebenfalls 50 mehr als im Vorjahr. Eine Steigerung um knapp sechs Prozent.»

«Mensch, Matthias, wo hast du plötzlich das viele Geld her?», fragt Hartmut verblüfft. «Du hast mich gerettet!»

«Dank flexibler Organisationsstrukturen ist es uns trotz schwierigster Wirtschaftslage gelungen, den Umsatz pro Verkäufer und Jahr in beiden Gebieten um durchschnittlich acht

Prozent zu erhöhen», erklärt Matthias gestelzt. «Merk dir den Satz für deinen Auftritt morgen. Und jetzt sollten wir uns um den Bier- und Wurstumsatz kümmern.»

Bezirk	Juli 99 bis Juni 2000	Juli 2000 bis Juni 2001
Flensburg	400	400
Kiel	500	500
Schleswig	600	600
Neumünster	700	700
Lübeck	800	800
Pinneberg	900	900
Wedel	1000	1000

Tabelle 24: Jahresumsätze der Mitarbeiter von Hartmut Sägefrech in tausend Euro: von Matthias veränderte Tabelle

Später in Marinas Garten erzählt Matthias, dass sich mit diesem Trick einiges manipulieren lässt. Steckte man die Autoren dieses Buches sofort ins Altersheim, würde man das Durchschnittsalter der Heimbewohner und das Durchschnittsalter der Mitarbeiter der Universität Hamburg vermindern. Dasselbe gilt für den Ausländeranteil in Wohngebieten, die Durchschnittsintelligenz in Schulklassen, den Frauenanteil in Spitzenpositionen und sogar für die Stimmenanteile politischer Parteien bei Parlamentswahlen und damit die Zusammensetzung der Parlamente.

«Thomas, du kennst das doch bestimmt?», fragt Matthias.

«Wieso ich? Das ist was für Winkeladvokaten, Politiker und Versicherungsvertreter. Ich bin ein ehrlicher Chirurg und Forscher», wehrt Thomas ab.

«Ebendeshalb, dachte ich, müsstest du es kennen», meint Matthias. «Dieses Phänomen hat auch in der Medizin weit reichende Konsequenzen, nämlich dann, wenn die Ergebnisse einer neuen Behandlungsmethode mit den Ergebnissen einer anderen Behandlung verglichen werden, die nicht zeitgleich, sondern mehrere Jahre früher durchgeführt wurde. Die Umgruppierung, die ich bei Hartmuts Versicherungsvertretern vorsätzlich vorgenommen habe, ergibt sich beispielsweise bei der Krebsbehandlung immer dann ganz von selbst und häufig unbemerkt, wenn die Diagnostik besser wird, man also immer kleinere Geschwülste nachweisen kann. Interessanterweise verbessern sich scheinbar selbst dann die Therapieergebnisse, wenn sich die Therapie in Wirklichkeit verschlechtert.»

«Wie soll das denn gehen?», zweifelt Thomas.

«Patienten, die an Krebserkrankungen leiden, werden üblicherweise entsprechend dem Schweregrad der Erkrankung in solche mit guter und solche mit schlechter Prognose unterteilt. Stimmt's, Thomas?»

Thomas nickt. «Im Prinzip schon. Es ist aber viel komplizierter.»

«Das Tückische an Krebs ist die Entstehung von Tochtergeschwülsten, so genannten Metastasen. Sie entstehen dadurch, dass sich Zellen vom Tumor lösen und über die Blut- und Lymphbahnen in andere Körperbereiche gelangen. Auf diese Weise können viele lebensnotwendige Organe befallen werden. Eine Therapie hat dann kaum noch Aussicht auf nachhaltigen Erfolg. Patienten mit Metastasen haben somit im Allgemeinen eine viel schlechtere Prognose als solche, die keine Metastasen haben. Stimmt's, Herr Doktor?»

Thomas nickt wieder. «Für'n Mathemagiker schon ganz gut.»

Matthias greift nach einem unbenutzten Pappteller, kritzelt ein paar Zahlen auf die Rückseite und fährt fort: «Die Tabelle 25 zeigt ausgedachte Ergebnisse. Im Jahr 1970 hatten Patienten, die Tochtergeschwülste aufwiesen, eine durchschnittliche Lebenserwartung von zwei Jahren. Patienten ohne Metastasennachweis lebten im Mittel noch neun Jahre. Im Jahr 2001 hat

Jahr	Patienten ohne Metastasen	Patienten mit Metastasen
1970	9 Jahre	2 Jahre
2001	10 Jahre	3 Jahre

Tabelle 25: Lebenserwartung von Krebspatienten mit und ohne Metastasen

sich die Situation deutlich verbessert. Patienten mit Tochtergeschwülsten haben jetzt immerhin eine durchschnittliche Lebenserwartung von drei Jahren und diejenigen ohne nachgewiesene Metastasen eine von zehn Jahren. In beiden Gruppen leben die Patienten also ein Jahr länger. Das hört sich nach medizinischem Fortschritt an. Ist es aber nicht unbedingt.»

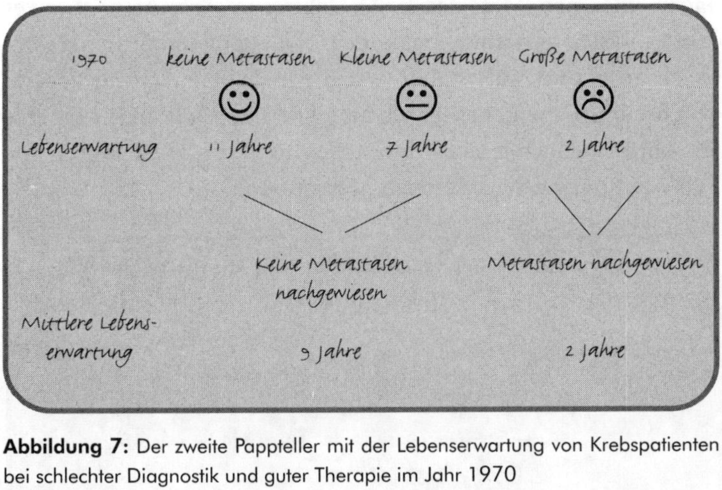

Abbildung 7: Der zweite Pappteller mit der Lebenserwartung von Krebspatienten bei schlechter Diagnostik und guter Therapie im Jahr 1970

«Was soll das denn sonst sein, wenn kein Erfolg?», fragt Thomas. «Wir haben in den letzten Jahrzehnten ganz schön Fortschritte gemacht bei der Krebsbehandlung. Gerade solche

Tabellen beweisen es. Du findest sie in jedem größeren Lehrbuch.»

«Es scheint heute besser zu sein als vor 30 Jahren», sagt Hartmut. «Das erinnert mich an meine Nord-Süd-Bilanz. Vielleicht kommt die auch mal in ein Lehrbuch für erfolgreiche Finanzstrategen.»

«Steht bestimmt schon in einem drin», meint Matthias und malt drei Gesichter auf die Rückseite eines weiteren Papptellers. «Die Tabellen besagen eigentlich gar nichts. Die Abbildung 7 zeigt die Verhältnisse von 1970 im Detail. Man muss drei Patientengruppen unterscheiden. ☺ sind Patienten, die wirklich keine Metastasen hatten. Sie lebten im Durchschnitt elf Jahre. 😐 sind Patienten mit kleinen Metastasen, die sich aber mit den damaligen diagnostischen Methoden nicht nachweisen ließen. Sie lebten im Durchschnitt sieben Jahre. ☹ sind Patienten mit nachgewiesenen Metastasen. Sie lebten im Schnitt noch zwei Jahre. Wenn wir annehmen, dass die Patientengruppen alle gleich groß sind, so erhalten wir die in Tabelle 25 angegebene durchschnittliche Lebenserwartung von neun Jahren für Patienten ohne nachgewiesene Metastasen und von zwei Jahren für Patienten mit nachgewiesenen Metastasen.»

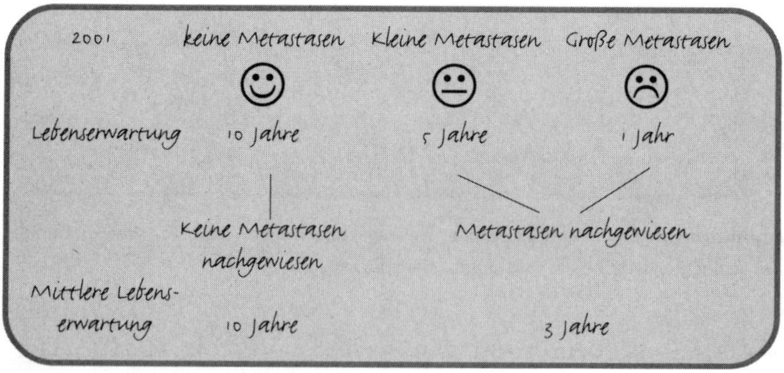

Abbildung 8: Der dritte Pappteller mit Lebenserwartung von Krebspatienten bei guter Diagnose und schlechter Therapie

«Und jetzt versetzen wir den Vertreter in der Mitte ...», redet Hartmut dazwischen.

«Brav gelernt, Hartmut.» Matthias malt noch einmal drei Gesichter auf eine dritte Pappe. «So, das sind die Verhältnisse für das Jahr 2001. Wir wollen annehmen, dass sich in der Zwischenzeit die Diagnostik verbessert und die Therapie *verschlechtert* hat. Patienten ohne Metastasen ☺ leben jetzt nur noch zehn Jahre statt wie vorher elf. Die Patienten mit früher nicht, aber jetzt dank verbesserter Diagnostik doch nachweisbaren Metastasen 😐 leben nur noch fünf Jahre statt wie vorher sieben. Und die Patienten ☹ mit Metastasen, die sich auch schon mit den Mitteln von 1970 nachweisen ließen, leben jetzt nur noch ein Jahr statt zwei. Obwohl sich die Wirkung der Therapie für alle Patienten verringert hat, beträgt nun die Lebenserwartung für die Patienten ohne nachgewiesene Metastasen zehn Jahre und für die mit nachgewiesenen Metastasen drei Jahre. Das ist in beiden Gruppen scheinbar ein Jahr mehr an Lebenserwartung, obwohl die Therapie eindeutig schlechter geworden ist.»

«Unterstellt man, dass die Diagnostik mit der Zeit immer besser wird – alle Diagnostiker werden das bestätigen –, dann erscheinen die Ergebnisse heutiger Therapien immer günstiger als die älterer Therapien, auch wenn beide gleichwertig sind», stellt Thomas erschrocken fest. «Kann ich die Wurstpappen haben?»

«Willst du deine Bilanz der gegenwärtigen Ergebnisse etwas verschönern?», fragt Hartmut dazwischen.

«Nein. Ich sagte doch, ich bin kein Versicherungsvertreter. Ich will nur in Zukunft nicht mehr auf diese Verschönerungsautomatik hereinfallen», erwidert Thomas.

«Heb die Wurstpappen gut auf», rät Matthias. «Bettina wird sie in Kapitel 19 brauchen. Die Verschönerungsautomatik heißt übrigens Will-Rogers-Phänomen. Kein Wissenschaftler, sondern ein amerikanischer Komiker, der einige seiner Witze nach obigem Muster konstruierte. In der medizinischen Fachzeitschrift *New England Journal of Medicine* wurde es nach ihm benannt.»

«Verdientermaßen», denkt Thomas. «Wahrscheinlich hat er mehr zum Fortschritt der Medizin beigetragen als so mancher Professor mit zig wissenschaftlichen Publikationen – und sei es dadurch, dass er zig ‹wissenschaftliche› Publikationen überflüssig gemacht und damit verhindert hat.»

8. Der Börsen-Crash-Detektor

Scheinbar hohe Sicherheit kann sehr teuer werden. Dieses Kapitel verrät, wie man an der Börse reich wird.

An einem Abhang
ist mir Neigung Pflicht.
Baltasar Matzbach (Gisbert Haefs)

Der Börsen-Crash-Detektor. Wir haben ihn erfunden. Wir haben ihn getestet. Und jetzt brauchen wir ihn nicht mehr. Wir haben ihn unserer Bank an der Ecke überlassen.

Ebendieser Bank hat Thomas vor Jahren seine Erbschaft anvertraut. Er möchte schnell noch reicher werden. Deshalb besteht sein Wertpapierdepot fast ausschließlich aus Aktien, was wiederum zur Folge hat, dass er hin und wieder schlecht schläft. Sein mitfühlender Anlageberater weiß das und informiert ihn über einen völlig neuen, kostenlosen Service.

«Unsere Bank ist neuerdings im Besitz eines Börsen-Crash-Detektors. Damit erkennen wir alle Crashs mit 100-prozentiger Sicherheit 24 Stunden im Voraus. Das geht bisher nur beim DAX, aber für den Neuen Markt werden wir …»

«Ducks?», unterbricht Thomas.

«DAX, das ist der Deutsche Aktienindex, der Durchschnittskurs der 30 wichtigsten deutschen Aktientitel.»

«Ach ja, ich erinnere mich.»

Der Banker fährt fort: «Das funktioniert, wie gesagt, bisher nur beim DAX, aber für den Neuen Markt werden wir es eines Tages auch anbieten können. Wir sprechen von einem Crash, wenn der Schlusskurs um mindestens fünf Prozent geringer ist als am Vortag. Die Vorhersage kleinerer Kursverluste ist leider noch nicht so weit ausgereift, dass wir unseren guten Ruf damit aufs Spiel setzen würden. Sollte unser Detektor einen Crash ankündigen, werden wir – Ihre Vollmacht vorausgesetzt – automatisch Ihre Aktien sofort und noch vor dem Kursverfall verkaufen. Sollte unser Detektor Sie nicht rechtzeitig gewarnt haben, dann erstatten wir Ihnen unverzüglich alle Kursverluste, die über fünf Prozent hinausgehen. Hinzu kommt, dass ein Fehlalarm äußerst selten ist. Normale Börsentage werden mit 98-prozentiger Sicherheit richtig angekündigt. Das ist doppelte Sicherheit für Sie, Herr Doktor. Ihr Verlust wird nie über fünf Prozent hinausgehen, und wenn morgen ein normaler Börsentag sein soll, dann wissen Sie es schon heute mit großer Sicherheit. Vorbei sind die Zeiten schlafloser Nächte.»

«Das hört sich ja verlockend an. Was kostet dieser Service?»

«Der Service ist völlig kostenlos. Es fallen lediglich die ganz normalen Gebühren für etwaige Transaktionen an.»

Thomas nippt an seinem Kaffee und sucht das Haar in der Suppe.

«Wenn Sie diesen Service allen Kunden anbieten, dann werden Sie bei einer Crash-Warnung deren Aktien ganz schnell verkaufen müssen. Dadurch werden die Kurse aber rapide sinken.»

«Oh, keine Sorge. Wir stellen diesen Service nur einem kleinen ausgesuchten Kundenkreis zur Verfügung, zu dem natürlich auch Sie gehören, Herr Doktor. Willkommenen Kunden empfehlen wir gern einmal etwas Außergewöhnliches. Außerdem besitzen nur wir den Detektor. Wir haben einen Exklusivvertrag mit den Erfindern, die übrigens hier gleich um die Ecke wohnen.»

«Und wenn die Kurse nach und nach sinken? Am Montag um drei Prozent, am Dienstag dann um zwei, am Mittwoch vielleicht um vier Prozent und so weiter. Dann werde ich nicht gewarnt?»

«Sehr richtig. Aber eine Warnung wäre aus zwei Gründen auch gar nicht notwendig. Erstens sind die Verluste dann ja auch viel geringer, und zweitens: Die Talfahrt, die Sie beschreiben, spiegelt Kursverläufe wider, die sich über einen längeren Zeitraum ereignen. Diese Situation tritt ja nicht so überraschend ein wie ein Crash. Sie können also auch ohne Detektor auf die Kurse angemessen reagieren.»

Thomas bittet sich Bedenkzeit aus. Der nächste Crash wird ja nicht gleich morgen sein. Am Abend geht er zu Matthias und erzählt ihm von dem Angebot der Bank.

Matthias geht an seinen Rechner und holt sich aus dem Internet den aktuellen DAX-Kurs. «Bei seiner Einführung am 30. Dezember 1987 lag der DAX bei 1000 Punkten. Heute, am 12. April 2000, liegt er bei 7485,56. Wer sich damals die DAX-Aktien in der richtigen Mischung zugelegt hat, der hat sein Ak-

Datum	Verlust	Davon nach fehlgeschlagener Crash-Warnung erstattet (Prozentpunkte)
16. 10. 1989	13,14 %	8,14 %
28. 09. 1990	5,11 %	0,11 %
19. 08. 1991	10,28 %	5,28 %
28. 10. 1997	7,86 %	2,86 %
27. 08. 1998	5,07 %	0,07 %
25. 09. 1998	6,23 %	1,23 %
01. 10. 1998	5,86 %	0,86 %
02. 10. 1998	7,81 %	2,81 %
01. 12. 1998	5,63 %	0,63 %
04. 01. 2000	6,44 %	1,44 %

Tabelle 26: Die großen Tagesverluste des DAX (über fünf Prozent) seit seiner Einführung bis April 2000

1 Die durchschnittliche jährliche Rendite hat Matthias so ausgerechnet: Seit der DAX-Gründung sind 12,28 Jahre vergangen, in denen sich der DAX um den Faktor 7,486 erhöht hat. Der jährliche Erhöhungsfaktor ergibt sich aus: $\sqrt[12,28]{7,486} = 1,178$. Eine Zunahme um den Faktor 1,178 entspricht einer Zunahme um einen Anteil von 1,178 – 1 = 0,178 oder 17,8 Prozent.

tienkapital bis heute um etwa den Faktor 7,5 vermehrt. Das entspricht einer jährlichen Verzinsung von 17,8 Prozent[1].»

«Nicht schlecht!»

«Ja, mit Aktien kann man gut Geld verdienen, wenn man erst mal welches hat. Verlieren natürlich auch. So, jetzt müssen wir noch rauskriegen, wie viele DAX-Einbrüche es bisher gegeben hat, die der Crash-Definition deines Bankers entsprechen.»

Nach längerer Suche im Internet haben sie die Daten beisammen und erstellen damit Tabelle 26.

«An diesen Crash-Tagen wärst du also rechtzeitig gewarnt worden, und deine Bank hätte deine Aktien automatisch verkauft.»

«Ja, und wenn der Crash-Detektor versagt hätte, wäre mir der über fünf Prozent hinausgehende Betrag von der Bank erstattet worden.»

«Hätte es den Service auch damals schon gegeben, dann wären aus 1000 Euro bis heute nicht nur 7485,56 Euro geworden, sondern wegen der erstatteten Verluste etwa 9409,89 Euro[2]. Das Kapital wäre dann um den Faktor 9,4 gewachsen, entsprechend einer jährlichen Verzinsung von 20 Prozent.»

«Die Crash-Vorhersage scheint etwas einzubringen.»

«Wie sicher erkennt der Detektor nochmal die harmlosen Börsentage?»

«Mit 98-prozentiger Sicherheit. Aber das ist doch nicht so wichtig, weil harmlose Börsentage ja eben harmlos sind.»

«Nicht so wichtig?! Wart mal ab! 98 Prozent hört sich gut an, ist es aber nicht. In zwei Prozent solcher Börsentage schlägt der Detektor falschen Alarm, was zum Verkauf aller Aktien führt.

---

2 Die erstatteten Verluste nach fehlgeschlagener Crash-Warnung (Tabelle 26, letzte Spalte) erhöhen das Kapital um den Faktor: 1,0814 × 1,0011 × 1,0528 × 1,0286 × 1,0007 × 1,0123 × 1,0086 × 1,0281 × 1,0063 × 1,0144 = 1,257. Somit würde das Kapital heute 7485,56 Euro × 1,257 = 9409,89 Euro betragen.

Jeder Fehlalarm kostet zwei Prozent deines Aktienvermögens, denn die Bank kassiert für den Verkauf aller Aktien ein Prozent Provision und für den anschließenden Rückkauf wiederum ein Prozent Provision. Seit der Einführung des DAX sind insgesamt 3079 Börsentage vergangen. Davon zwei Prozent ergibt 62 Fehlalarme, bei denen 62-mal alle Aktien verkauft und 62-mal alle Aktien zurückerworben werden. Insgesamt fällt 124-mal eine Gebühr von einem Prozent an. Da einem jedes Mal 99 Prozent vom Kapital verbleiben, ergibt sich eine Reduzierung um den Faktor $0{,}99^{124} = 0{,}288$. Insgesamt hätte sich das Kapital durch die zahlreichen Ver- und Ankäufe auf 28,8 Prozent reduziert. Mit dem Crash-Detektor wären aus 1000 Euro nicht 9409,89, sondern nur 2710,05 Euro geworden, entsprechend einer jährlichen Verzinsung von nur noch 8,5 Prozent. Die Kosten dieses ‹kostenlosen› Services übersteigen somit bei weitem den Nutzen.»

«Das funktioniert ja wie ein Gezeitenkraftwerk. Egal in welche Richtung mein Geld fließt, es bleibt immer was an meiner Bank hängen!»

Wir waren so stolz auf unseren Detektor. 100- beziehungsweise 98-prozentige Sicherheit in der Vorhersage! Das Ergebnis: 7485,56 – 2710,05 = 4775,51 Euro Gewinn – aber nur für die Bank. Jetzt werden Sie verstehen, weshalb wir unseren Börsen-Crash-Detektor exklusiv verschenkt haben. Außerdem: Wenn wir wirklich wüssten, wie man als Privatperson an der Börse zuverlässig Geld macht, dann würden wir es einfach selber tun, und das gilt sicher auch für alle Börsenpropheten.

Teil 1 in Kürze

Marina und ihr blauer Golf weisen uns auf zwei grundsätzliche Denkfehler hin. Wir begehen einen *Fehler erster Art,* wenn wir aus der Beobachtung «blauer Golf» schließen, Marina sitze am Steuer, obwohl das nicht zutrifft.

Die Tatsache, dass wir keinen blauen Golf sehen, verleitet uns zum *Fehler zweiter Art*: kein blauer Golf, also keine Marina. Dabei fährt sie gerade mit einem weißen Leihwagen vorbei, weil ihr Golf in der Werkstatt ist.

Die uns eher fremde Wahrscheinlichkeits- oder *probabilistische Logik* kommt bereits beim Grußverhalten zum Tragen. Es gibt viele blaue Golfs ohne Marina in der Innenstadt. Damit ist der Fehler erster Art fast schon vorprogrammiert. Nicht grüßen ist die unfreundliche, aber vernünftige Konsequenz. Nicht so in der Sackgasse: Hier sollte man blaue Golfs immer grüßen, denn sehr wahrscheinlich sitzt Marina am Steuer.

Mit Andreas' Feuerwehrauto Paulchen kommen wir zur vertrauteren Wenn-dann- oder *deterministischen Logik* zurück. Sie darf angewandt werden, wenn ein bestimmtes Ereignis ausnahmslos ein bestimmtes anderes nach sich zieht: Wenn Paulchen vorbeifährt, sitzt Andreas am Steuer. Immer.

Die syldavischen Taxis und der betrunkene Schlüsselsucher zeigen, dass die quantitative Verknüpfung von Wahrscheinlichkeitsaussagen zu überraschenden Ergebnissen führen kann. Beim MeteoPropheten werden die verknüpften Informationen zur Einschätzung und Optimierung von Nutzen-Risiko-Verhältnissen genutzt. Dass eine unvollständige Nutzung von Wahrscheinlichkeitsaussagen richtig ins Geld gehen kann, verdeutlicht der Börsen-Crash-Detektor.

In manchen Situationen kommt man ohne die Kenntnis von Häufigkeiten nicht weiter. Thomas' Anglerglück hängt nicht nur von den Eigenschaften des Spezialköders ab, sondern ebenso vom Anteil der Leckerellen und Ekelitzen im Wasser. Manchmal können bereits grob geschätzte Informationen weiterhelfen. Celina ist besorgt, weil ihr sonst so zuverlässiger Hartmut noch nicht da ist, während Marina ganz gelassen auf ihren wie gewohnt unpünktlichen Mario wartet. Beide nutzen die Vorinformation über ihren jeweiligen Gefährten intuitiv richtig.

Die Einschätzung eines Ereignisses hängt nicht nur von den unmittelbaren Fakten ab, sondern auch von den Vorinformationen des Einschätzenden. Die Links- und Rechtsseher Matthias und Hartmut beurteilen den Beschuss der chinesischen Botschaft vernünftig und anhand derselben aktuellen Informationen. Sie kommen aber zu unterschiedlichen Schlussfolgerungen, da sie, entsprechend ihrer Lebenserfahrung, mit unterschiedlichem Vor-Urteil an das Ereignis herangehen.

Teil 2
Kein Urteil ohne Vor-Urteil

In einem echten und einigen ausgedachten Kriminalfällen kommt in den folgenden Kapiteln die Wahrscheinlichkeitslogik zum Einsatz. Mit erstaunlicher Wirkung: Auf den ersten Blick entlastende Fakten werden zu belastenden Indizien – und umgekehrt. Scheinbar unbedeutende Details entpuppen sich als entscheidende Zusatzinformationen.

Zwei Oberlandesgerichtsräte gehen in der Mittagspause im Park spazieren. Da kommt ein Mann angelaufen und sagt zu dem einen: «Ihr Hund hat das Kleid meiner Frau zerrissen. Ich verlange Schadenersatz!»
Der Angesprochene überlegt eine Weile und fragt dann: «Sind hundert Mark genug?» Der Mann bejaht und zieht mit dem Geld von dannen.
«Aber Herr Kollege», sagt der andere Gerichtsrat, «Sie haben doch gar keinen Hund!»
«Ja, das stimmt – aber wissen Sie, wie die erste Instanz entschieden hätte?»

9. Blaues Auge für Simpson, oje!

Verknüpfung von Informationen in einem Strafprozess. Wie scheinbar entlastende Tatbestände eine Person belasten können.

«Gut gemeint» ist das Gegenteil von «gut».

«Tüddellüdellüd – Tüddellüdellüd.»

«Vielgut.»

«Priori.»

«Ääh ...»

«Ich fall mal einfach mit der Tür durchs Haus. Ich steh am Hamburger Flughafen.»

«Das ist ja ...»

«... ganz in Ihrer Nähe, richtig! In vier Stunden geht meine nächste Maschine. So lange möchte ich hier nicht rumhängen und die Duty-free-Parfümerien beschnuppern. Da würd ich schon lieber die rationale Verknüpfung von Informationen diskutieren oder auf Ihrer Terrasse sitzen oder gar beides. Vorschlag: Ich setz mich ins Taxi, und Sie besorgen irgendwie Kaffee und Kuchen. Abgemacht?»

«Eine tolle Idee. Ich werde auch da sein!»

Kuchen (noch von Gabi) raus aus dem Tiefkühlbeutel, rein in den Ofen, Kaffeemaschine anschmeißen, verstreute Socken einsammeln, rasieren, anderes Hemd, wohin mit dem schmutzigen Geschirr?, den Tisch frei räumen, Leergut weg von der Terrasse, diese Tür muss unbedingt zu! – Zwanzig Minuten können so schnell vergehen.

«Hübsch haben Sie's hier. Und so viel Platz!»

«Ja, ich hab's gern großzügig ...»

«… ganz meine eigene Gewohnheit. Geld entfaltet seinen Wert im Augenblick des Ausgebens. Übrigens bin ich gerade auf der Durchreise nach Lavados. Da gibt es wirklich unglaubliche Entfaltungsmöglichkeiten, wenn man über unglaublich viel Geld verfügt.»

«Und da machen Sie Urlaub?»

«Nein, da gibt es Arbeit für mich. Einen Mord.»

«Ach, wen wollen Sie denn umbringen?»

«Tollkühner Scherz. Da fragt ein Chirurg eine Rechtsanwältin …»

«Kaffee? Kuchen? Jetzt?»

«Ja, gern. Und dazu muss ich Ihnen eine andere Mordsgeschichte erzählen.»

«Schießen Sie los. Ich kann gleichzeitig hören und Kuchen backen.»

«Sie wissen bestimmt, dass die Ehefrau des früheren amerikanischen Footballhelden und Schauspielers Orenthal James Simpson 1994 ermordet wurde. Routinemäßig wurde natürlich der Ehemann verdächtigt, der Täter zu sein. Die Indizien gegen O. J. häuften sich. Und als sich dann herausstellte, dass Simpson seine Frau regelmäßig geschlagen hatte, rutschte die anfängliche Sympathie der Öffentlichkeit für den Star rapide in den Keller. Einem gewalttätigen Ehemann traut man einen Mord eher zu als einem treu sorgenden Göttergatten. Oder?»

«Doch, ja. Schließlich ist er ja im Training sozusagen.»

«Alan M. Dershowitz, ein Berater der Verteidiger von O. J. Simpson, wollte diesem Stimmungsumschwung entgegenwirken. Im Fernsehen erklärte er daher, dass lediglich 0,1 Prozent der Männer, die ihre Frauen regelmäßig schlagen, diese auch ermorden.»

«Wahrhaft rosige Aussichten für geschlagene Frauen!»

«Die Aussage von Dershowitz sollte natürlich zu dem Fehlschluss verführen, Simpson sei mit 0,1-prozentiger Wahrscheinlichkeit schuldig und demzufolge mit 99,9-prozentiger Sicherheit unschuldig. Diese sicherlich gut gemeinte Verlautbarung war aber alles andere als entlastend für Simpson.»

«Wieso?», fragt Thomas. «Das kann doch kaum belastend sein!?»

«O doch!», meint Vera. «Übrigens gut, der Kuchen. An Ihnen ist ein Hausmann verloren gegangen.»

«Ich musste mich entscheiden. Hausmann oder Chirurg», erwidert Thomas und schneidet ihr noch ein Stück ab.

Vera fährt fort: «Gehen wir mal davon aus, dass Dershowitz' Feststellung richtig ist – ich brauch mal was zu schreiben. Wie wahrscheinlich ist es, in den Vereinigten Staaten ermordet zu werden? Jedes Jahr werden in den USA etwa 25 000 Morde begangen.»

Thomas besorgt Schreibzeug, und Vera beginnt, die Zahlen auf das Papier zu kritzeln.

«Berücksichtigt man die Tatsache, dass zwölf Prozent der Morde von Ehemännern an ihren Frauen begangen werden, dann verbleiben 88 Prozent (0,88) dieser Morde für Täter, die nicht die Ehemänner sind: 25 000 × 0,88 = 22 000. Nehmen wir an, dass ungefähr die Hälfte dieser nichtehelichen Morde an Frauen begangen wird (22 000/2 = 11 000) und dass die weibliche US-Gesamtbevölkerung bei etwa 130 Millionen liegt, dann beträgt die Wahrscheinlichkeit für eine amerikanische Frau, in einem bestimmten Jahr ermordet zu werden (aber nicht vom eigenen Ehemann), 11 000/130 000 000. Das ist ungefähr dasselbe wie 1/12 000. Von etwa 12 000 Frauen wird in den USA somit jährlich eine von einem Täter ermordet, der nicht der Ehemann war.»

«Das ist aber doch der Durchschnitt für die ganzen USA», wirft Thomas ein, «und der Simpson-Clan ist bestimmt keine durchschnittliche amerikanische Familie.»

Vera nickt. «Sehr richtig. Diese Durchschnittsschätzung könnte man den individuellen Umständen des Falls sicherlich noch besser anpassen, indem man beispielsweise berücksichtigt, dass die Frau weiß war und dass sie in ihrer Wohnung und nicht etwa in der U-Bahn ermordet wurde. Aber mir geht es hier nur um das Denkprinzip. Darum verzichte ich auf diese ganzen Details.»

Vera nippt am Kaffee, schiebt ein Stück von Gabis Kuchen nach und fährt fort: «Bis jetzt haben wir abgeschätzt, wie wahrscheinlich es ist, dass frau in den USA in einem bestimmten Jahr ermordet wird, und zwar nicht vom Ehemann. Die nächste Frage lautet: Wenn ein Mann seine Ehefrau regelmäßig schlägt und sie eines Tages tatsächlich umbringt, wie groß ist die Wahrscheinlichkeit, dass er dies in einem bestimmten Jahr tut? Anders gefragt: Wie lange hält eine solche Ehe, bis dass der Tod sie scheidet?»

«Zehn Jahre?»

«Mit mir keine zehn Minuten», scherzt Vera. «Genaues weiß ich allerdings auch nicht, aber ich tippe mal auf drei Jahre. Vielleicht sind es ja auch vier. Die Schlussfolgerungen werden dadurch nur unwesentlich verändert. Die Wahrscheinlichkeit für den Mord – von dem wir hier annehmen, dass er irgendwann einmal stattfinden wird – beträgt also ungefähr 1/3 pro Jahr. Aber nur jeder tausendste Schlägergatte ist auch ein Mordsgatte. Diese überaus wichtige Information hat uns Herr Dershowitz geliefert. Für die Ehefrau eines Schlägers ergibt sich damit eine Wahrscheinlichkeit von 1/3 × 1/1000 = 1/3000 pro Jahr, von ihrem regelmäßig schlagenden Gatten ermordet zu werden. Von etwa 3000 Frauen mit einem schlagenden Ehemann wird in den USA jährlich eine von ihrem Lebensgefährten ermordet, und, klarer Fall von Dreisatz, von 12 000 dieser Frauen sind es dann vier.»

«Lebensgefährte ist der Plural von Lebensgefahr», witzelt Thomas.

«Wenn du wüsstest!», denkt Vera bei sich und sagt: «Autofahren ist auch nicht ohne. Das rafft jedes Jahr einen von ungefähr 4000 dahin. Aber zurück zum Thema. – Wir machen uns Tabelle 27.

	Dershowitz-Zahl[1] (für Frauen mit schlagendem Ehemann)	Frau wird 1994 ermordet	Frau wird 1994 nicht ermordet
Der Ehemann wird seine Frau ermorden.	12 (0,1 %)	4	8
Der Ehemann wird seine Frau nicht ermorden. Als Mörder kommt nur ein anderer infrage.	12 000 (99,9 %)	1	11 999
Summe	12 012 (100 %)	5	12 007
	Anteil der Ehemänner unter den Mördern:	4/5 80 %	

Tabelle 27: Übersichtstabelle zur Bestimmung der Wahrscheinlichkeit, dass der Ehemann, der seine Frau regelmäßig schlug, ihr Mörder ist

Von Dershowitz wissen wir, dass einer von 1000 schlagenden Ehemännern seine Frau ermordet. Das ist ziemlich genau dasselbe wie zwölf von 12 012. Von den zwölf ehelich Ermordeten erwischt es vier in einem bestimmten Jahr – wir hatten uns ja darauf geeinigt, dass eine durch Mord beendete Ehe im Durchschnitt drei Jahre ‹hält›. Von den anderen 12 000 Frauen wird im selben Zeitraum nur eine ermordet. Mit anderen Worten:

1 Einer von 1000 schlagenden Ehemännern tötet seine Frau. Wir haben uns auf 12 012 Fälle bezogen, um in der Tabelle ganze Zahlen zu erhalten.

Findet man eine ermordete Frau, die regelmäßig von ihrem Mann geschlagen wurde, dann war in vier von fünf Fällen, entsprechend einer Wahrscheinlichkeit von 4/5 = 0,80 oder 80 Prozent, der Ehemann der Mörder.»

«Oje, Herr Simpson, das sieht aber gar nicht rosig für Sie aus. Als schlagender Ehemann sollte man gut auf seine Frau aufpassen. Man ist automatisch der Favorit auf der Liste der Verdächtigen», folgert Thomas.

«Ein gar nicht so dummer Vorsatz, zwar aus niederen Motiven, aber beide hätten tatsächlich einen Vorteil davon. – Mit diesen 80 Prozent ist natürlich noch überhaupt nichts bewiesen, aber die ‹gut gemeinte› Aussage des Anwaltsberaters war alles andere als entlastend. Er hat damit die Information geliefert, die für diese Überlegungen meist am schwierigsten zu bekommen ist: den Anteil der Mörder unter den schlagenden Ehemännern.»

«Woher haben Sie das alles?», will Thomas wissen.

«Ach», erwidert Vera, «der hier skizzierte Gedankengang stammt im Wesentlichen von I. J. Good und wurde 1995 in dem angesehenen internationalen Fachblatt *Nature* publiziert. Good hat damals eine Kopie seines Artikels an Alan A. Dershowitz und an das Los Angeles Police Department geschickt. Ob dies einen Einfluss auf den Ausgang des Prozesses hatte, entzieht sich meiner Kenntnis. Aber wahrscheinlich nicht, denn auch in den USA gilt *Iudex non calculat*.»

«Und wie ist das Ganze ausgegangen?», fragt Thomas.

«Nach Aufmarsch von 111 Zeugen, 58 für die Anklage, 53 für die Verteidigung, und nach Vorlage von 1115 Beweisstücken, 723 von der Anklage und 392 von der Verteidigung, haben die Geschworenen, zehn Frauen und zwei Männer, O. J. Simpson im Strafprozess freigesprochen.»

«Und jetzt haben Sie so einen ähnlichen Fall am Haken, auf Lavados? Ein berühmter, gut aussehender Schauspieler wartet darauf, von Ihnen gerettet zu werden? Oder reisen Sie an, um ihn wie O. J. in die Sache reinzureißen?»

«Der Fall ist noch völlig ungeklärt. Das Opfer war eine syldavische Adlige. Der Ehemann befand sich zur Tatzeit meines Wissens nicht auf der Insel. Und was die schönen Jungs angeht: Auf Lavados herrscht eklatanter Männermangel, während hier und jetzt eklatanter Zeitmangel herrscht. Ich muss zurück zum Flughafen. Mehr zu Lavados in Kapitel 11.»

10. Bis dass der Tod euch scheide

Wie man Dunkelziffern und Risikofaktoren berechnen kann

Leichnam, der – Einer, der die höchstmögliche
Menge Gleichgültigkeit an den Tag legt,
die mit höflicher Berücksichtigung
der Besorgnisse anderer noch
vereinbar ist.
Ambrose Bierce

Woher wusste Dershowitz, dass von tausend Ehefrauenschlägern einer zum Ehefrauenmörder mutiert? Hat er tausend schlagende Verbindungen gleich nach der Trauung registrieren lassen, bis zum natürlichen oder unnatürlichen Ende der Ehe abgewartet – und siehe da: Genau einer hat seine Frau umgebracht? So war es bestimmt nicht. Welcher frisch gebackene Ehemann lässt sich schon als Schläger registrieren und verspricht obendrein, einen eventuellen Mord zu melden, damit die Statistiker und Dershowitz Bescheid wissen? Bei Mord Anruf? Ziemlich abwegig, der Gedanke. Aber wie war es dann?

Wir schickten Vera eine E-Mail und warteten geduldig, denn wir wussten ja, dass sie auf Lavados zu tun hatte. Hier ihre Antwort:

```
Hi HP + HH!
Da Ihr mich ausgedacht habt, freue ich mich
natuerlich besonders, dass ich euch helfen
kann. Anbei Tabelle aus syldavischem Mord-
register:
```

Ehemann ist ein	Mord durch Ehemann	Mord nicht durch Ehemann	Summe
Schlaeger	28	7	35
Nichtschlaeger	57	570	627
Summe	85	577	662

Interpretation Kinderspiel für euch.
Gruss + Kuss (je 1 für jeden!) Vera

Danke, Vera! Sie hatte uns etwas überschätzt. Das «Kinderspiel», aus der Tabelle die gewünschten Informationen herauszudestillieren, dauerte doch ziemlich lange. Und als wir schließlich die Lösung gefunden hatten, verstanden wir nicht mehr, warum uns das so schwer gefallen war. Drei Fragen sind wir nachgegangen:

Wie viel Prozent der syldavischen Ehemänner schlagen ihre Frauen?

Wie viel Prozent der Schläger werden zu Mördern (die Dershowitz-Zahl)?

Wie viel Prozent der Nichtschläger werden zu Mördern?

Zunächst zur ersten Frage: Den Anteil der Schläger konnten wir anhand der zweiten Spalte der Tabelle berechnen. Von 577 außerehelich ermordeten Frauen waren sieben mit Schlägern verheiratet gewesen. Das sind 7/577 = 0,012 beziehungsweise 1,2 Prozent. Dabei unterstellten wir vereinfachend, dass die Wahrscheinlichkeit, außerehelich ermordet zu werden, nicht davon abhängt, ob frau mit einem Schläger oder einem Nichtschläger verheiratet ist. Allerdings gilt diese Annahme nur eingeschränkt. Erstens hängen wahrscheinlich sowohl die Häufigkeit der Schläger unter den Ehegatten als auch das allgemeine Risiko, ermordet zu werden, vom sozialen Umfeld ab, was wir nicht berücksichtigen konnten, da uns keine detaillierten Daten vorlagen.

Zweitens ist diese Art der Berechnung eine Näherung, die nur zutrifft, wenn ehelicher Mord relativ selten vorkommt (0,1 Prozent ist in diesem Zusammenhang selten, jedenfalls unter dem mathematischen Aspekt). Ist das Ermorden von Ehefrauen sehr verbreitet, wie etwa in England zur Zeit Heinrichs VIII., haben außereheliche Mörder kaum eine Chance, vor dem Ehemann zum Zuge zu kommen.

Die Antwort auf die zweite Frage entnahmen wir der ersten Zeile der gemailten Tabelle. Von 35 ermordeten syldavischen Frauen, die mit einem Schläger verheiratet waren, wurden 28, also 28/35 = 0,80 oder 80 Prozent von ihrem Ehemann zur Strecke gebracht. Für die USA gibt es sicherlich ein der syldavischen Tabelle entsprechendes Mordregister. Da wir es nicht hatten, taten wir so, als wären die Daten übertragbar. Wie im vorigen Kapitel für die USA abgeschätzt, werden von 12 000 Schlägergattinnen pro Jahr fünf ermordet. Da 80 Prozent ermordeter Frauen mit schlagendem Ehemann von ebendiesem getötet wurden, beträgt diese Wahrscheinlichkeit 4/12 000 = 1/3000 pro Ehejahr. Unterstellt man (wie im vorigen Kapitel) eine durchschnittliche Dauer von drei Jahren für eine schlagende Verbindung, so kommt man auf eine durch Mord verursachte Scheidungsrate von 1/3000 × 3 = 1/1000 für die gesamte Dauer der Ehe. Das ist die Dershowitz-Zahl.

Die dritte Frage wurde durch die zweite Zeile beantwortet. Bei 57 von 627 (57/627 = 0,091 oder 9,1 Prozent) Frauen, die mit einem Nichtschläger verheiratet waren und ermordet wurden, war der Ehemann der Täter. Auf die USA übertragen, ist dies pro Jahr das Schicksal einer Frau von 132 000 (1/12 000 × 0,091 = 0,0000076 = 1/132 000). Unterstellt man eine durchschnittliche Dauer von 20 Jahren für nichtschlagende Verbindungen, die durch Mord an der Frau ein jähes Ende fanden, dann beträgt die Wahrscheinlichkeit, dass der Ehemann der Mörder ist, 1/12 000 × 0,091 × 20 = 1/6593.

Vor der Hochzeit sollte die Braut also darüber aufgeklärt werden, dass die Ehe mit einem schlagenden Gatten um den Faktor (28/35)/(57/627) = 8,8 lebensgefährlicher ist als die mit einem nichtschlagenden. Bezieht man das Risiko nicht auf die gesamte Ehe, sondern auf ein Ehejahr, dann ist es um den Faktor 132 000/3000 = 44 gefährlicher, mit einem Schläger verheiratet zu sein.

Zur Erinnerung: Die Zahlen, auf denen dieses Rechenexempel basiert, sind ausgedacht. Es ging uns lediglich darum, zu zeigen, wie man Risikofaktoren (die Gefährlichkeit schlagender Ehemänner) und den Anteil von Schlägern unter den Ehemännern ermitteln kann. Auf ähnliche Weise lässt sich, wenn die Mordkommission die entsprechenden Gewohnheiten der Ehemänner erfragt hat, auch der Anteil der Raucher, Trinker, Zocker, Hundebesitzer, Statistiker usw. sowie deren Gefährlichkeit berechnen.

Das Faszinierende an Dunkelziffern ist, dass man etwas über Personen aussagt, die man nie gesehen hat und vielleicht auch nie sehen wird. Genauso geht es uns mit den Druckfehlern in diesem Buch, und wir können uns nicht verkneifen, Ihnen mitzuteilen, wie viele Druckfehler wir nicht gesehen haben. Es sind 16 Stück.

Ungefähr 16 jedenfalls. Wie zählt oder schätzt man etwas, das man übersehen hat? Man lässt zwei Personen unabhängig voneinander die Druckfahne korrigieren und vergleicht die gefundenen Fehler. HH hat 160 und HP 120 Fehler gefunden. Über 96 der Fehler sind beide gestolpert. 160 – 96 = 64 hat nur HH und 120 – 96 = 24 Fehler nur HP gesehen. Insgesamt wurden 96 + 64 + 24 = 184 Fehler bemerkt. Von den Fehlern, auf die HP gestoßen ist, hat HH 120 – 96 = 24 übersehen (entsprechend 24/120 = 0,20 oder 20 Prozent). Von allen Fehlern, die HH gefunden hat, sind HP 160 – 96 = 64 entgangen (entsprechend 64/160 = 0,40 oder 40 Prozent). Sowohl HH als auch HP haben somit

0,20 × 0,40 = 0,08 beziehungsweise acht Prozent der tatsächlich vorhandenen Fehler übersehen. Die 184 gefundenen Fehler stellen also lediglich 100 – 8 = 92 Prozent aller Fehler dar. Insgesamt enthielt die Druckfahne dann 184/0,92 = 200 Fehler. Davon wurden 200 – 184 = 16 Fehler übersehen. Leider wissen wir nicht, wo.

Auch dieser Wert ist lediglich eine grobe Abschätzung. Für die Berechnung haben wir unterstellt, dass HH und HP alle Fehler gleich gut erkennen. Das muss nicht so sein. Zum Beispiel könnte einer blind für Kommata sein (HP), und der andere könnte n und n nicht unterscheiden (HH). HP hat weniger Fehler gefunden, einfach nur weil er weniger gesucht und mehr Kaffee getrunken hat. Nicht zuletzt kommen zu den Dreckfehlern noch er3hbliche stalistische Fühler hinzu.

11. Blutbad im Jungbrunnen

Iteration bei Vorliegen mehrerer unabhängiger Informationen. Die Entlastung eines Verdächtigen durch belastende Aussagen.

Es gibt mehr schlechte Männer
als gute Frauen.
Baltasar Matzbach (Gisbert Haefs)

Gleich der erste Schnitt sitzt. Szynthia von Syldavien reagiert mit einer stark pulsierenden Blutung aus der Halsschlagader. Jede weitere Maßnahme, im Guten wie im Bösen, ist jetzt entbehrlich.

Fast lautlos öffnet sich die Fahrstuhltür vor Zsa Zsa Zecke – Z3 für ihre Freundinnen aus der Bingorunde – und gibt den Blick frei auf einen im Treppenhaus hinabeilenden Schatten. Die Tür zur Prominentensuite steht offen, und Zsa Zsa kann nicht widerstehen. Neben der luxuriösen Ausstattung der Suite und einem heillosen Durcheinander fallen ihr Unmengen scheinbar wahllos verspritzten Blutes und eine leblos wirkende Person auf, mit deren Hals etwas nicht in Ordnung scheint. «Hoffentlich nichts Ernstes», denkt Zsa Zsa beim Anblick der abklingenden Blutung, atmet tief durch, steuert instinktiv die offene Balkontür an, schreit und kotzt.

Zur selben Zeit und nach getaner Arbeit befindet sich Empfangschefin Gesa Gutentag gerade im Park auf dem Weg zu ihrem kleinen Bungalow. Um sie herum das vertraute Kreischen der Möwen. Einem besonders langen und durchdringenden Schrei folgen ein «Hilfe! Mörder, Mörder!» aus der Ferne und das Geräusch schneller Schritte auf dem Kiesweg unmittelbar vor ihr. Gesa springt hinter den nächsten Baum. Die Schritte werden langsamer, verharren. Knapp unter Gesas Augenhöhe erscheint eine rechte Hand mit Ehering und sucht Halt an einem Ast. Die zu der Hand gehörende Person entfernt einen Stein aus ihrem rechten Schuh und verschwindet daraufhin im Laufschritt in der Dunkelheit.

Als Kommissar Frek Wentist von seinen Akten aufsieht, befinden er und seine Mitarbeiter sich bereits im Anflug auf Lavados, eine kleine Insel vulkanischen Ursprungs im südlichen Bordurien. Lavados ragt 80 Meter hoch steil aus dem Meer. Zahlreiche Untiefen, tückische Gezeitenströme und plötzlich einfallender Nebel verschrecken jeden Seefahrer. Einziges Transportmittel von und nach Lavados ist das Flugzeug. Die große Attraktion des Eilands sind die heißen Quellen und das erfolgreich verbreitete Gerücht, dass diese eine ganz besondere Wirkung hätten. Die Insel ist in Privatbesitz der Juvenescence Ltd., die eine Art modernen Jungbrunnen betreibt. Juvenescence Ltd. garantiert, vorzeitiges Altern rechtzeitig zu unterbinden. Die Aussicht, jung zu bleiben und schön zu werden, die Exklusivität der Anlage und die Transportprobleme, leicht nachvollziehbare Argumente für hohe Preise, machen einen Aufenthalt auf Lavados zu einem sündhaft teuren Unternehmen. «Wahrscheinlich gibt es in dieser Schönheitsfestung nur reiche Witwen und auf andere Art lukrativ geschiedene Damen», analysiert Frek Wentist die Situation und wird diesmal Recht behalten.

Der Festungsmanager, der ihn wegen des Mordes in der letzten Nacht alarmiert hat, erwartet ihn am Rollfeld. «Guten Morgen, Herr Kommissar, bitte …» – «Ich weiß, ich weiß. Kein Aufsehen, und der Fall soll bis zum zweiten Frühstück gelöst sein», fällt Wentist ihm ins Wort. «Als Erstes möchte ich den Tatort sehen, dann mit den beiden Zeuginnen sprechen, und Sie könnten zwischenzeitlich veranlassen, dass eine Liste aller Personen erstellt wird, die zur Tatzeit auf dieser Insel weilten.»

«Dilettantische Tötung ... alles eingesaut ... Schmuckkästchen geplündert. Kein Profi ... kein Attentat ... oder alles Tarnung. Die Tür zur Suite unbeschädigt. Balkon zu hoch zum Einstieg. Täter und Opfer kannten sich, oder der Täter gehört zum Personal ...», sinniert Wentist.

«Na, hör'n Sie mal, ich kann doch Mann und Frau unterscheiden. Natürlich war es ein Mann, der da im Treppenhaus verschwand», ereifert sich Zsa Zsa Zecke, als Frek Wentist es wagt, nochmals nachzufragen. Gesa Gutentag kann sich nur an einen schlichten Ring am Ringfinger einer rechten Hand erinnern. «Ich hatte solches Herzklopfen und war schon froh, dass ich nicht ohnmächtig geworden bin. Da hab ich nicht noch versucht, im Dunkeln was zu sehen», kommentiert sie ihre Aussage.

Der Manager der Beauty-Burg erscheint mit der vollständigen Gäste- und Personalliste. Zur Tatzeit befanden sich 2000 Personen auf der Insel, 1900 Frauen und 100 Männer. Da die Insel

Abbildung 9: Für Frek Wentist ein klarer Fall

Privatbesitz ist und Frek Wentist die volle Unterstützung des Managers hat, kann er recht rigoros recherchieren. Dies gilt besonders für die Männer, da sie fast alle zum Personal gehören. Gegen Abend sind drei Männer identifiziert, auf die die Beschreibung passt.

Tatverdächtiger Nummer eins: der Vater des Geschäftsführers und Mitinhaber der Juvenescence Ltd. Er verbringt hier seinen Lebensabend. Als Täter kommt er jedoch nicht infrage, da er auf einen Rollstuhl angewiesen ist.

Tatverdächtiger Nummer zwei: der Pianist aus dem Nachtclub. Er soll eine Affäre mit Szynthia von und zu gehabt haben, kann aber ein bombensicheres Alibi vorweisen. Zur fraglichen Zeit spielte er «Play it again, Sam» vor 43 dahinschmelzenden Damen mit einer Gesamtlebenserfahrung von nominell 2451 Jahren.

Tatverdächtiger Nummer drei: der Gärtner. Das mag jetzt phantasielos erscheinen, aber es war wirklich so. Sein Alibi «Ich bin vorm Fernseher eingeschlafen» ist zwar sehr glaubhaft, aber in dieser Situation relativ ungünstig. Der Mordverdacht konzentriert sich somit auf den Gärtner Willi Waasnich.

Da das Opfer zum syldavischen Hochadel gehörte, kommt der Fall Vera Priori zu Ohren. Von dem selbstlosen Drang getrieben, einem armen Gärtner zu helfen, nimmt sie sich der Sache an, selbst um den Preis, dass gut betuchte Kreise auf sie und ihre erst kürzlich gegründete Priori-Wahrscheinlichkeitsagentur aufmerksam werden könnten.

Zur Verhandlung lädt sie als sachverständigen Zeugen einen Kriminalpsychologen. Dieser erklärt, unter den gegebenen Lichtverhältnissen sei die Aussage der Dame, die den Täter als männlich identifiziert habe, mit 98-prozentiger Wahrscheinlichkeit richtig gewesen. In zwei Prozent derartiger Situationen werde auch mal eine Frau irrtümlich für einen Mann gehalten. Die Richterin nickt verständnisvoll und wird unversehens an einen verzückend breiten Rücken am Strand erinnert, der dann von vorn ... «Bei dem Ring ist die Aussage deutlich sicherer», erklärt der Psychologe und holt die Richterin ins Gericht zurück. «Die Wahrscheinlichkeit, einen Ring zu sehen oder zu erinnern, wo keiner war, beträgt auch in der angespannten Situation, wie Frau Gutentag sie erlebt hat, lediglich 0,1 Prozent.»

Der Staatsanwalt ist irritiert. Mit diesem Sachverständigen hat die Verteidigerin ihren eigenen Mandanten schwer belastet. Andererseits – dumm scheint sie nicht zu sein. Was führt sie bloß im Schilde?

Im weiteren Verlauf der Verhandlung lässt Vera eine Schautafel aufstellen (Tabelle 28) und präsentiert folgende Überlegung: Außer der Ermordeten hätten sich zum Zeitpunkt des Mordes exakt 2000 Menschen auf der Insel befunden, 100 Männer und 1900 Frauen. Zsa Zsa Zecke habe der Psychologe 98-prozentige Sicherheit attestiert, das Geschlecht des Täters richtig zu identifizieren.

Frau Zecke protestiert, ein Irrtum sei ihr dabei noch nie unterlaufen, und muss zur Ruhe ermahnt werden.

Wenn der Täter tatsächlich einer der 100 Männer gewesen sei, fährt Vera fort, dann hätte die Zeugin in 98 Fällen einen Mann erkannt (100 Männer × 98 Prozent Sicherheit = 100 × 0,98 = 98) und in zwei Fällen geglaubt, eine Frau gesehen zu haben (100 Männer × 2 Prozent Irrtumswahrscheinlichkeit = 100 × 0,02 = 2). Sei die Tat aber von einer der 1900 Frauen begangen worden, dann hätte die Zeugin in 38 Fällen irrtümlich vermutet, einen Mann gesehen zu haben (1900 Frauen × 2 Prozent Irrtumswahrscheinlichkeit 1900 × 0,02 = 38).

«Frau Zecke, reden Sie nicht immer dazwischen, sonst muss ich Sie des Saales verweisen!», interveniert die Richterin. «Bitte fahren Sie fort, Frau Priori.»

«Von den insgesamt 136 als männlich erkannten Personen sind 98 tatsächlich Männer. Die Wahrscheinlichkeit, dass es sich um einen Mann gehandelt hat, beträgt somit 98/136 = 0,72 oder 72 Prozent. Wir können also nicht behaupten, dass es tatsächlich ein Mann war, dazu ist die Sicherheit viel zu gering, und durch Frau Zeckes Aussage scheiden Frauen als Täter keineswegs aus.»

Der Mörder ist	Anzahl der potenziellen Mörder(innen)	Zeugin glaubt, einen Mann zu sehen	Zeugin glaubt, eine Frau zu sehen
männlich	100	98	2
weiblich	1900	38	1862
Summe	2000	136	1864
Wahrscheinlichkeit für einen Mann als Mörder:	98/136 = 72 %		

Tabelle 28: Übersichtstabelle zur Bestimmung der Wahrscheinlichkeit, dass der Mörder von Lavados ein Mann war. Berücksichtigt wird die Häufigkeitsverteilung der Geschlechter, die Aussage der Zeugin, dass der Täter männlich gewesen sei, und die Zuverlässigkeit der Zeugenaussage von 98 Prozent.

«Nun zur Aussage der Empfangschefin, die den Ring bemerkt hat. Eine von mir in Auftrag gegebene Studie hat ergeben, dass auf Lavados generell etwa 80 Prozent der Frauen an der rechten Hand einen schlichten Ring tragen. Bei 1900 Frauen sind das 1520 Ringträgerinnen.»

Mit einer weiteren Schautafel (Tabelle 29, vgl. S. 113) analysiert Vera im Folgenden vier Alternativen, die in dieser Situation unterschieden werden müssen:

1. Der Täter war ein Mann mit Ring. Davon gab es zur Tatzeit drei auf der Insel.
2. Der Täter war einer der 97 Männer ohne Ring.
3. Die Täterin war eine Frau mit Ring – das waren 1520.
4. Die Täterin war eine der 380 Frauen ohne Ring.

In der dritten Spalte der Tabelle 29 werden die Zeugenaussagen berücksichtigt. Die Anzahl potenzieller Mörder(innen) wird mit der Wahrscheinlichkeit multipliziert, dass man/frau als Mann wahrgenommen wird. Das ist bei Männern 98 Prozent und bei Frauen zwei Prozent (denn 98 Prozent der Frauen werden ja richtig als Frauen erkannt).

Bei der Ringaussage wird genauso verfahren. Hier wird mit der Wahrscheinlichkeit multipliziert, dass eine Hand mit Ring (mal 99,9 Prozent) beziehungsweise eine Hand ohne Ring (mal 0,1 Prozent) für beringt gehalten wird.

Mit der letzten Spalte der Tabelle bekommt der Staatsanwalt die Antwort auf seine Frage, was Vera vorhat. Berücksichtigt man den Frauen- und Männeranteil auf der Insel, den Anteil der Ringträgerinnen und Ringträger und die Tatsache, dass die Beobachtungen nicht völlig zuverlässig sind, kommt man zu einem erstaunlichen Ergebnis: Die Tat wurde eher von einer Frau mit Ring (30,37/33,41 = 0,91 oder 91 Prozent) als von einem Mann mit Ring begangen (8,8 Prozent).

Der/die Mörder(in) ist	Anzahl dieser Personen auf Lavados	Anzahl × Wahrscheinlichkeit «Erste Zeugin sieht Mann, *und* zweite Zeugin sieht Ring»	Wahrscheinlichkeit, Täter(in) zu sein
Mann mit Ring	3	3 × 0,98 × 0,999 = 2,937	8,8 %
Mann ohne Ring	97	97 × 0,98 × 0,001 = 0,095	0,28 %
Frau mit Ring	1520	1520 × 0,02 × 0,999 = 30,37	91 %
Frau ohne Ring	380	380 × 0,02 × 0,001 = 0,008	0,02 %
Summe	2000	33,410	

Tabelle 29: Berechnung der Wahrscheinlichkeit, dass es sich bei dem Mörder von Lavados um einen Mann mit Ring gehandelt hat. Berücksichtigt werden die Häufigkeitsverteilung der Geschlechter, die Aussage der beiden Zeuginnen und die Zuverlässigkeit der Zeugenaussage von 98 beziehungsweise 99,9 Prozent.

«Einspruch, Euer Ehren, zwei der Herren mit Ring kommen für die Tat überhaupt nicht infrage!», gibt der Staatsanwalt zu bedenken. «Deshalb kann es nur der Gärtner gewesen sein.»

«Ihr Einspruch ist richtig. Ihre Schlussfolgerung klingt plausibel und ist dennoch falsch», fährt Vera Priori unbeirrt fort und erklärt Tabelle 30, die den Einwand berücksichtigt.

Die Wahrscheinlichkeit, dass der Gärtner der Mörder war, beträgt nun nur noch 3,1 Prozent. Willi Waasnich wird aus Mangel an Beweisen freigesprochen.

In der dem Prozess folgenden Pressekonferenz gibt die siegesfrohe Vera Priori zum Besten, wie wichtig die Wahrscheinlichkeit auch und gerade im täglichen Leben sei. Daheim in Syldavien habe sie als Wahrscheinlichkeitsanwältin und Betreiberin der ersten Priori-Wahrscheinlichkeitsagentur© der Welt schon zahlreiche Klienten gegen bitteres Unrecht verteidigen können. Die einzelnen Fakten (die Aussagen von Frau Zecke, Frau Gutentag und die des Psychologen) hätten zwar dem Anschein nach ihren Mandanten belastet, im Lichte der Wahrscheinlichkeit jedoch zu seiner Entlastung beigetragen. Sie nennt dieses Phänomen in der Konferenz spontan einen «doppelten Simpson»[1].

«Aber wer war es denn nun?», drängelt Frek Wentist.

«Die Häufigkeit von Frauen, die im sozialen Fernbereich morden, ist außerordentlich gering», behauptet Vera. «Herr Wentist, wenn Sie den Täter finden wollen, dann sollten Sie Ihre Personenliste nach potenziellen Verwandten der Verblichenen durchforsten!»

Die einzige Spur ist die syldavische Herkunft einer der Damen auf der Liste. Recherchen fördern zutage, dass die verdächtigte Person eine uneheliche Halbschwester der Ermordeten ist. Die-

---

1 Simpsons Paradoxon wird im Kapitel «Wahlkreistango, kriminelle Vereinigungen und krebsresistente Linkshänder» in unserem Buch «Der Hund, der Eier legt» beschrieben.

se Halbschwester wurde zeitlebens als Mitglied der Familie geleugnet, ihr Anteil am Familienerbe ist null. Frohen Mutes fliegt Wentist von Syldavien zurück nach Lavados, um der Verdächtigten auf den Zahn zu fühlen. «Sie ist kein Profi», sinniert Wentist. «Eine gezielte Frage, und sie fällt in Ohnmacht.»

Der/die Mörder(in) ist	Anzahl dieser Personen auf Lavados	Anzahl × Wahrscheinlichkeit «Erste Zeugin sieht Mann, *und* zweite Zeugin sieht Ring»	Wahrscheinlichkeit, Täter(in) zu sein
Mann mit Ring	1	1 × 0,98 × 0,999 = 0,979	3,1 %
Mann ohne Ring	97	97 × 0,98 × 0,001 = 0,095	0,3 %
Frau mit Ring	1520	1520 × 0,02 × 0,999 = 30,37	96,6 %
Frau ohne Ring	380	380 × 0,02 × 0,001 = 0,008	0,025 %
Summe	1998	31,452	

Tabelle 30: Berechnung der Wahrscheinlichkeit, dass der Gärtner der Mörder von Lavados ist. Berücksichtigt werden die Verteilung der Geschlechter, die Aussage der Zeuginnen und die Zuverlässigkeit der Zeugenaussage von 98 beziehungsweise 99,9 Prozent sowie dieTatsache, dass zwei der drei Männer mit Ring für die Tat nicht infrage kommen.

Bevor sie in Ohnmacht fällt, fügt sie ihrem Geständnis noch hinzu, ihre aufgeblasene Halbschwester habe sich erdreistet, mit ihrem Verlobten, dem Pianisten, anzubändeln. «Das Maß war wirklich voll an dem Abend ...», sind ihre vorläufig letzten Worte.

«Und die Hand mit dem Ring?», fragt Wentist sie später. «Haben Sie sich das alles ausgedacht?»

«Nein, als mir im Park die Joggerin entgegenkam, habe ich mich, blutverschmiert, wie ich war, schnell hinter einem Baum versteckt ... na ja, und den Rest kennen Sie.»

Das muss Wentist sofort und brühwarm an Vera weitergeben. Gleich hinter der nächsten Ecke zuckt er das Handy.

«... das nenn ich einen Fahndungserfolg, Frau Prioni!»

«Priori, bitte! Die Prionen kommen erst in einem späteren Kapitel.»

«Die Ermittlungen wurden ja auch enorm erschwert, weil sich diese Joggerin nie gemeldet hat. Die muss doch was gehört oder gesehen haben!»

«Sicherlich, aber manche Leute mögen ihren erlauchten Namen niemals freiwillig mit einem Mord in Zusammenhang bringen. Vielleicht hat sie erst einmal abgewartet, um zu sehen, ob es auch ohne sie geht. Nach meinen Ausführungen wusste sie dann, dass sie als Frau mit Ring durchaus zum Kreis der Verdächtigen gehört. Kommt hinzu, dass man als einsame Joggerin in der Nacht kein richtig überzeugendes Alibi hat.»

«Na, und die Gutentag? Warum hat die sich als Zeugin aufgedrängt? Sie hätte doch den Mund halten können!»

«Sie hatte kein Alibi für die Tatzeit. Da ist es gut, eine falsche Fährte zu legen. Wir können uns nicht einmal darauf verlassen, dass die Joggerin wirklich existiert. Aber wir wissen: Gesa Gutentag trägt keinen Ring und ist eine Frau, ganz im Gegensatz zu Willi Waasnich. Und ohne mich – wohl aber mit Ihnen – wäre Gesas Rechnung auch aufgegangen ... Frek Wentist, sind Sie noch da?»

12. Die Tendenz zum Töten – ein Mann geht über Eichen

Iteration bei Wiederholung von Ereignissen. Unterschiedliche Bedeutung abhängiger und unabhängiger Ereignisse.

Mokt, wat ji wüllt,
die Lüüt schnakt doch.

Die Sackgasse, in der Thomas wohnt, verläuft von West nach Ost. Die südlich gelegenen Grundstücke grenzen alle an eine dichte Reihe großer Eichen. Die Schatten der Bäume sind größer, als die Gärten klein sind, und im Herbst versinkt alles im Eichenlaub. Die Südbewohner empfinden das nicht gerade als Segen, aber an Sägen ist überhaupt nicht zu denken. Bäume fällen ist tabu. Selbst das Beschneiden der Äste bedarf behördlicher Genehmigung.

Vor fünf Jahren haben Thomas' Schwester Celina und ihr Mann Hartmut Sägefrech eines dieser Südgrundstücke gekauft, ein hübsches Häuschen für die Familie darauf bauen lassen und einen Garten mit beinahe englischem Rasen angelegt. Hartmut liebt es, in der Sonne zu sitzen. Leider gab es im Garten nur einen nutzbaren Sonnenflecken. Mit ihm und seinem Gartenstuhl durchwanderte Hartmut seinen Garten regelmäßig von West nach Ost. Schon bald konnte man ihn als Sonnenuhr benutzen. Bei der Sandkiste: zwei Uhr nachmittags, Veranda: vier Uhr, Ostende: Viertel nach sechs.

Im dritten Jahr nach dem Einzug der Sägefrechs ging eine Eiche ein. Nach dem Winter trieb sie nicht mehr aus. Da der Baum tot war, erhielt Hartmut die Genehmigung, ihn fällen zu lassen. Die Zeiten der menschlichen Sonnenuhr waren vorbei. Natürlich wurde in der Nachbarschaft gemunkelt, zumal es gerade der Baum mit dem größten Schatten war. «Wenn der mal nicht nachgeholfen hat? Namen est amen oder so!»

Celina will dem Gerede ein Ende bereiten und bittet Thomas um Hilfe. Der hat in letzter Zeit so viel von Wahrscheinlichkeiten geredet und sollte eigentlich ausrechnen können, wie wahrscheinlich es ist, dass dieses Gerücht stimmt und seine Schwester das Ehebett mit einem Baummörder teilt. Thomas wälzt daraufhin erst einmal Bücher über Eichen und Kriminalstatistiken über ganz normale Gartenbesitzer. «Eichen», erfährt er von seinem Vater und Gartenexperten Alfred, «wachsen 300 Jahre, leben 300 Jahre und sterben 300 Jahre.» Richtig alte Eichen, 800 Jahre und älter, seien aber sehr selten. Die Bäume könnten an Pilzen erkranken, von Schädlingen befallen oder von einem Blitz getroffen werden usw. Thomas geht davon aus, dass die Wahrscheinlichkeit für den Tod einer Eiche in einem bestimmten Jahr über den Daumen ein halbes Prozent beträgt.[1] Auf Hartmuts Grundstück standen vier Eichen. Die Wahrscheinlichkeit, dass irgendeine davon ohne Fremdeinwirkung eingeht, beträgt dann das Vierfache, also zwei Prozent.[2]

---

1 Nach 140 Jahren sind noch $(1 - 0{,}005)^{140} = 0{,}5$ oder 50 Prozent der Eichen am Leben. Die Annahme, dass 0,5 Prozent der Eichen pro Jahr eingehen, entspricht also einer medianen Lebenserwartung von 140 Jahren. Das scheint Thomas für Eichen ein realistischer Wert zu sein.

2 Genau sind es $1 - 0{,}995^4 = 1 - 0{,}98015 = 0{,}01985$ oder 1,985 Prozent. Das unterscheidet sich nur unwesentlich von den im Text verwandten zwei Prozent. Die Näherung wird immer ungenauer, je mehr Eichen im Spiel sind. Bei 200 Eichen ergäbe die Näherung $200 \times 0{,}5$ Prozent = 100 Prozent. Korrekt sind es aber nur

Thomas findet keine klaren Angaben zu der Frage, mit welcher Wahrscheinlichkeit ein Gartenbesitzer Hand an einen störenden Baum legt. Er tippt daher auf eine Quote von etwa vier Prozent, was der allgemeinen Kriminalitätsrate in Deutschland entspricht. Eine deliktspezifische Kriminalitätsrate wäre ihm natürlich lieber gewesen.

Nächste Frage: Würde es Hartmut, wenn er sich erst einmal zur aktiven Sterbehilfe entschlossen hat, gelingen, seinen Plan in die Tat umzusetzen? Thomas kennt seinen Schwager. Hartmut ist nicht dumm und weiß sehr gut über Pflanzen Bescheid. Er schafft es, wenn er nur will, wäre dabei aber sicher sehr vorsichtig. Er würde es erst einmal nur an einem Baum ausprobieren und nichts tun, was Spuren hinterließe. Gleich nach dem

	Wahrscheinlichkeit	Eine der vier Eichen geht in diesem Jahr ein[3]	Alle Eichen überleben
Hartmut hat nachgeholfen	4 %	4 % × 0,50 = 2 %	4 % × 0,50 = 2 %
Hartmut hat nicht nachgeholfen	96 %	96 % × 0,02 ≈ 2 %	96 % × 0,98 ≈ 94 %
Summe	100 %	4 %	96 %
Wahrscheinlichkeit, dass Hartmut nachgeholfen hat:		2/4 = 0,50 oder 50 %	

Tabelle 31: Tabelle zur Bestimmung der Wahrscheinlichkeit, dass Hartmut bei der Eiche nachgeholfen hat

$1 - 0{,}995^{200} = 1 - 0{,}367 = 0{,}633$ oder 63,3 Prozent. Auch bei 200 Eichen wäre dann etwa jedes dritte Jahr leichenfrei.

3 Wir wollen es nicht zu kompliziert machen und den Fall, dass auch mehr als eine Eiche eingehen könnte, vernachlässigen.

Einzug war er vollauf damit beschäftigt, das neue Haus einzurichten. Um den Garten hatte er sich zunächst nicht viel gekümmert. «Wenn er es jetzt versucht hat, tippe ich auf eine Erfolgsrate von 50 Prozent», schätzt Thomas.

Thomas stellt nun Tabelle 31 zusammen. Entsprechend der allgemeinen Kriminalstatistik nimmt er an, dass auch Hartmut mit vier Prozent Wahrscheinlichkeit versuchen wird, den Bäumen nachzuhelfen (zweite Zeile der Tabelle 31). Wenn Hartmut nachhilft, dann stirbt der Baum mit 50-prozentiger Wahrscheinlichkeit in diesem Jahr: 50 Prozent von vier Prozent macht zwei Prozent.

Vor dem Tod der Eiche betrug die Wahrscheinlichkeit, dass Hartmut kein Baummörder ist, 96 Prozent (dritte Zeile). Die Wahrscheinlichkeit, dass eine Eiche auf natürliche Weise stirbt, liegt bei einem halben Prozent pro Jahr, mit vier Eichen im Garten also bei ungefähr zwei Prozent. Insgesamt beträgt die Wahrscheinlichkeit für das Sterben einer der vier Eichen in Hartmuts Garten vier Prozent. Zwei Prozent natürlicher Tod und zwei Prozent Umweltfrevel. Nun tritt die Situation ein, dass eine der vier Eichen tatsächlich tot ist (dritte Spalte). Die Wahrscheinlichkeit, dass Hartmut nachgeholfen hat, beträgt jetzt also 2 %/ 4 % = 0,50 oder 50 Prozent.

Das ist Thomas entschieden zu wenig, um seinen Schwager zu verdächtigen. Auch Celina ist froh über das Ergebnis. Das Problem ist nur: Ein Gerücht stoppen kann man damit nicht. «Halb so schlimm», kommentiert Thomas. «Wenn die Leute reden wollen, dann tun sie's, egal, was rausgekommen wäre.»

Im folgenden Frühjahr erfüllt eine weitere Eiche in der Sackgasse alle Kriterien für eine Fällgenehmigung. Es ist wieder eine von Hartmuts Eichen. An Sicherheit grenzen wollende Gerüchte kursieren in der Siedlung, aber Thomas will sachlich bleiben und versucht es wieder mit seiner Wahrscheinlichkeitstabelle. Für die neue Überlegung muss er jetzt die Ergebnisse der letzten Tabelle berücksichtigen. Die Wahrscheinlichkeit dafür, dass Hartmut nachgeholfen hat, ist jetzt nicht mehr die normale Kriminalitätsrate von vier Prozent; Thomas muss vielmehr die oben berechneten 50 Prozent zugrunde legen, bei denen die Vorgeschichte berücksichtigt ist.

	Wahrscheinlichkeit	Eine der vier Eichen geht in diesem Jahr ein[3]	Alle Eichen überleben
Hartmut hat nachgeholfen	50 %	25 %	25 %
Hartmut hat nicht nachgeholfen	50 %	0,75 %	49,25 %
Summe	100 %	25,75 %	74,25 %
Wahrscheinlichkeit, dass Hartmut nachgeholfen hat:	25/25,75 = 0,97 oder 97 %		

Tabelle 32: Übersichtstabelle zur Bestimmung der Wahrscheinlichkeit, dass Hartmut bei der zweiten Eiche nachgeholfen hat

Entsprechend der neuen Ausgangswahrscheinlichkeit veranschlagt er nun bei der Hälfte der Fälle, dass Hartmut nachgeholfen hat (zweite Spalte von Tabelle 32). Bei einer 50-prozentigen Erfolgsquote wird in 25 Prozent der Fälle ein Baum eingehen (zweite Zeile). Bei der anderen Hälfte hat Hartmut nicht nachgeholfen (Zeile 3). Die normale Sterberate beträgt 0,5 Prozent pro Jahr. Da auf seinem Grundstück noch drei Eichen standen, ist die Wahrscheinlichkeit, dass irgendeine davon stirbt, 1,5 Prozent. Ein natürlicher Tod wird also in 50 % × 0,015 = 0,75 Prozent der Fälle innerhalb eines Jahres eintreten. Insgesamt ist unter den gegebenen Umständen mit einer Sterbewahrscheinlichkeit von 25,75 Prozent zu rechnen; und in 25 Prozent der Fälle war es Hartmut. Die Wahrscheinlichkeit, dass Hartmut den Baum in mörderischer Absicht manipuliert hat, beträgt somit 25/25,75 = 0,97 oder 97 Prozent. Das sieht auch Thomas als einen soliden Nährboden für hartnäckige Gerüchte an.

Im nächsten Frühjahr ist wieder eine Eiche zu beklagen. Eine von zweien, die bei Hartmut noch durchgehalten haben. Die dritte insgesamt. Jetzt hat Hartmut das sonnigste Grundstück auf der Südseite der Straße und kann als Einziger in seinem Garten Tomaten züchten. Der verbliebene Baum auf dem Knick spendet in einem kleinen Teil des Gartens an heißen Sommertagen angenehmen Schatten. Bis auf Thomas und Celina glaubt in der Siedlung keiner mehr an einen Zufall. Peinlich, peinlich, denkt so mancher, doch können sich die Anwohner angesichts solcher Unverfrorenheit auch einer gewissen Bewunderung nicht erwehren.

Thomas erhält von Celina seinen alljährlichen Auftrag und entwirft eine weitere Wahrscheinlichkeitstabelle (Tabelle 33). Als Ausgangswahrscheinlichkeit dafür, dass Hartmut seinen Garten aktiv verschönert hat, nimmt er nun die 97 Prozent, die aus der vorherigen Tabelle resultieren. In der Hälfte dieser Fälle wird der Mord in diesem Jahr erfolgreich sein, entsprechend in 97/2 = 48,5 Prozent der Fälle. Auf seinem Grundstück standen noch ganze zwei Eichen. Die Wahrscheinlichkeit, dass eine Eiche ohne sein Zutun eingeht, beträgt nach wie vor 0,5 Prozent. Da es zwei Bäume sind, besteht eine einprozentige Wahrscheinlichkeit für das Ableben eines der Bäume. Ein natürlicher Tod wird also in 3 % × 0,01 = 0,03 Prozent der Fälle innerhalb eines Jahres eintreten. Die Wahrscheinlichkeit, dass er nachgeholfen hat, beträgt jetzt 48,5/48,53 = 0,9994 oder 99,94 Prozent. Damit ist es nun sehr wahrscheinlich, dass Hartmut ein Baummörder ist.

«Mit einer so hohen Wahrscheinlichkeit steht der arme Hartmut ja schon mit einem Bein im Gefängnis», interpretiert Thomas das Ergebnis.

«Steck dir doch deine Tabellen an den Hut», lautet Celinas Kommentar. «Ich glaub das alles nicht!»

«Musst du auch nicht. Wir dürfen nicht vergessen, dass die Berechnung auf einer Annahme basiert oder treffender: auf einem Vor-Urteil. Ich habe vorausgesetzt, dass etwa vier Prozent der Grundeigentümer in vergleichbaren Fällen kriminell werden. Die vier Prozent entsprechen zwar der mittleren bundesdeutschen Kriminalitätsrate, sie müssen aber nicht für das Bäumefällen und schon gar nicht für Hartmut gelten.»

«Gelten sie auch nicht, sag ich doch!»

«Für sein Alter, seine Berufsgruppe, seine Vorgeschichte kann eine ganz andere Wahrscheinlichkeit angemessen sein. Andererseits, ohne irgendeine Annahme kann ich nichts berechnen. Ohne Vor-Urteil kein Urteil.»

«Wie wär's dann mal mit einem anderen Vor-Urteil?», fordert Celina ihn auf.

«Ich habe ausgerechnet, wie verdächtig Hartmut nach der dritten Leiche wäre, wenn anfangs eine andere Wahrscheinlichkeit zum Töten als vier Prozent zutreffender ist.» Thomas kennt seine Schwester und hat mit Tabelle 34 bereits vorgesorgt.

«Mit einer Wahrscheinlichkeit von 0,01 Prozent wäre es mit 81 Prozent immer noch ziemlich wahrscheinlich, dass Hartmut nachgeholfen hat», erklärt Thomas. «Selbst wenn nur jeder Hunderttausendste (entsprechend 1/100 000 = 0,001 %) in Hartmuts Situation zum Killer wird, verbleibt nach drei toten Bäumen noch eine Wahrscheinlichkeit von 30 Prozent. Wenn man an Hartmuts Unschuld unbedingt glauben will, dann muss man

	Wahrschein-lichkeit	In diesem Jahr eingehende Eichen	In diesem Jahr nicht eingehende Eichen
Hartmut hat nachgeholfen	97 %	48,50 %	48,50 %
Hartmut hat nicht nachgeholfen	3 %	0,03 %	2,97 %
Summe	100 %	48,53 %	51,47 %
Wahrscheinlichkeit, dass Hartmut nachgeholfen hat:		48,5/48,53 = 99,94 %	

Tabelle 33: Übersichtstabelle zur Bestimmung der Wahrscheinlichkeit, dass Hartmut bei der dritten Eiche nachgeholfen hat

Vor-Urteil (*vor* der ersten Eiche)	Urteil (*nach* der dritten toten Eiche)
10 %	99,98 %
4 %	99,94 %
1 %	99,77 %
0,1 %	97,7 %
0,01 %	81 %
0,001 %	30 %

Tabelle 34: Wahrscheinlichkeit, dass Hartmut über Eichen ging: Abhängigkeit des Urteils über Hartmut vom Vor-Urteil

davon ausgehen, dass das Eingreifen des Eigentümers noch viel seltener ist als ...»

«Die Wahrscheinlichkeit, dass mein Hartmut eine Eiche um die Ecke bringt, ist exakt null, wenn du mich fragst, aber mich fragt ja mal wieder keiner!»

«In dem Fall, und nur in dem Fall, ist die Wahrscheinlichkeit für Baummord auch nach drei toten Eichen ebenfalls null, aber wie willst du die Nachbarn von der Null-Wahrscheinlichkeit überzeugen? Die sind ja nicht alle mit Hartmut verheiratet.»

«Du hast doch mal von diesem Inselgärtner erzählt, der unter Mordverdacht stand, und von seiner schlauen Anwältin, die du in Syldavien vor Gericht kennen gelernt hast. Die hatte doch aus jedem Indiz gegen den Gärtner einen Beleg für dessen Unschuld gemacht. Kannst du das nicht auch?»

Kann Thomas nicht, aber warum soll er nicht seine neue Beziehung spielen lassen?

«Äh, na klar kann ich das. Aber bevor ich falsche Hoffnungen aufkommen lasse, werde ich ihr den Fall schildern und sie um eine Einschätzung bitten. Noch heute schicke ich ihr eine E-Mail.»

Am nächsten Tag ist Veras Antwort auf dem Bildschirm:

```
Hi Thomas, schoene Story. deine Tabellen = ok.
Aber: du setzt voraus, dass die Eichen unabhaen-
gig (!!) voneinander gestorben. Muss ja aber
nicht so sein. Grundwasser verseucht, Baumpest
oder so? (Vielleicht war's ja auch der Gaertner?
Scherz!) Ich nicht biologin Keine Zeit wg Mord
im Vatikan. Vielleicht sieht man sich ja mal
wieder. Also bis bald.
Vera
```

«Hm, nicht sehr hilfreich», denkt Thomas. «Um Hartmuts guten Ruf zu retten, müsste also jemand eine Baumkrankheit oder etwas Ähnliches nachweisen, das die drei Eichen dahingerafft hat.»

In diesem Frühjahr sind wieder drei Eichen eingegangen. Die letzte, die noch bei Hartmut im Garten stand, und zwei weitere auf angrenzenden Grundstücken. Die Kommunale Gerüchte-Börse (KGB) hat Hochkonjunktur: Hartmut Sägefrech ist ein ganz Abgekochter. Er bringt seine vier Eichen um und dann noch zwei, um den Verdacht von sich abzulenken. Wie hat der das bloß gemacht? Und dass der keine Angst hat, erwischt zu werden!? Dass das keiner untersucht, ist ja auch ein Ding!

Es wird untersucht. Das Gartenbauamt stellt fest, dass die gestorbenen Bäume von einem Pilz befallen waren. Sechs weitere Bäume, denen man noch nichts ansieht, sind bereits betroffen. Die Eichen auf Hartmuts Grundstück sind nicht unabhängig voneinander eingegangen, sondern der erste befallene Baum hatte alle weiteren angesteckt.

«Und wie sieht jetzt deine Rechnung aus, Thomas?», will Celina wissen.

«Nun, bei den Tabellen 32 bis 34 bin ich davon ausgegangen, dass es drei unabhängige Ereignisse gewesen sind. Natürlich ist es immer noch denkbar, dass Hartmut den Pilz absichtlich ausgebracht hat. Dazu musste er nur einmal zur Tat schreiten. Die Wahrscheinlichkeit für eine einzelne Tat steht in Tabelle 31. Sie beträgt 50 Prozent. Genug für ein Gerücht, zu wenig für einen vernünftigen Verdacht.»

«Die 50 Prozent und dass Hartmut vielleicht den Pilz ... das behalt bitte für dich. Die KGB hat Hartmut gerade rehabilitiert und schießt sich jetzt auf alle erdenklichen Pilzkrankheiten ein. Genmanipulierte Pilze aus geheimen Laboratorien und so ... da wollen wir doch nicht stören», bittet Celina.

`liebe Vera. Du hattest Recht. Alles hing zusammen. Pilze! Naechstes mal vorsichtiger: Ueberzeuge mich bei der iterativen Anwendung der Wahrscheinlichkeitstabelle, dass Ereignisse tatsaechlich voneinander unabhaengig. Ich dich auch. Thomas`

13. Blau am Steuer

Die Berechnung von Risikofaktoren

Im Alkohol ersaufen mehr Leute als im Meer. *Boris Jelzin*

Vera Priori ist mal wieder in Hamburg unterwegs. Im Mietwagen und in geheimer Mission, wie sie sich ausdrückt. Ohne Umwege hatte sie sich bei Thomas eingeladen und ganz zufällig auch zwei Flaschen Wein dabei. Natürlich wollte Thomas wissen, wie es auf Lavados war und wer der Mörder ist. Tatsächlich fanden die beiden dann auch noch romantischere Themen als Mord oder Mathematik, und die Weinflaschen stehen jetzt, um Mitternacht, als Leergut auf der Terrasse.

«Leider muss ich jetzt wohl los», seufzt Vera, wobei ihr der Autoschlüssel aus der Hand fällt. «Uups.»

«Bist du sicher, dass du noch fahren kannst?», fragt Thomas besorgt.

«Klar doch», lacht Vera auf der Suche nach dem Schlüssel, «ich fahr einfach ein bisschen schneller, dann bin ich nicht so lange im Risiko.»[1]

«Dann hast du ja Zeit, dich nochmal kurz zu setzen», sagt Thomas.

Er schnappt sich Papier und Kugelschreiber. Sie schnappt sich Thomas, indem sie sich wie geheißen setzt, und zwar nicht gerade zufällig mit Schlagseite in Richtung Thomas, der davon aber gar nichts mitbekommt.

1 Die Gefährlichkeit des Langsamfahrens wird im Kapitel «Hurra, Gesunde gesünder als Kranke» in unserem Buch «Der Hund, der Eier legt» wissenschaftlich belegt.

«Nach Mitteilung des Statistischen Bundesamtes starb im Jahr 1997 etwa jeder sechste Verkehrstote (17 Prozent) an den Folgen eines Verkehrsunfalls, bei dem mindestens ein am Unfall Beteiligter alkoholisiert war.[2] Also werden 83 Prozent aller tödlichen Unfälle von nüchternen Fahrern verursacht.»

	Verkehrskontrollen	Unfälle mit Todesfolge
Fahrer mit Alkohol	1 %	17 %
Fahrer ohne Alkohol	99 %	83 %
Summe	100 %	100 %

Tabelle 35: Unfall- und Verkehrsstatistik

«Sieh mal an. Bei weitem die meisten. Gut, dass ich nicht mehr nüchtern bin. Also kann ich …»

Thomas erkennt den Ernst der Lage noch immer nicht und bleibt ernst: «Lass uns doch mal darüber nachdenken, auf welche Erhöhung des Unfallrisikos du dich einlässt, wenn du jetzt Auto fährst.»

«Erstens: wieso? Und zweitens: Wie definiert der Onkel Doktor denn ‹betrunken›? Über 0,000 Promille?»

«Der Begriff ist naturgemäß sehr schwammig. ‹Nichtbetrunken› mit 0,000 Promille anzugeben wäre zwar exakt, aber dann würde jeder, der etwas zu reifes Obst gegessen hat, als betrunken gelten. Die genaue Definition überlassen wir daher lieber dem Gesetzgeber und übernehmen die Erfahrung der Polizei aus Verkehrskontrollen: Auf 100 überprüfte Fahrer kommt ungefähr ein Blaufahrer, 1/100 = 0,01 oder ein Prozent.»

---

2 Tatsächlich dürfte der Prozentsatz noch höher sein, da anzunehmen ist, dass von den unfallflüchtigen Verkehrsteilnehmern, die nicht ermittelt werden konnten, ein überdurchschnittlich hoher Anteil unter Alkoholeinfluss stand.

Thomas entwirft die Tabelle 35.

«Jetzt können wir die Gefährlichkeit von Blaufahrten ausrechnen. 17 Prozent der Unfälle werden von einem Prozent der Fahrer, den alkoholisierten, verursacht. 83 Prozent der Unfälle werden von 99 Prozent der Fahrer, den nüchternen, verursacht. Das macht 83/99 = 0,84 Prozent Unfälle pro ein Prozent nüchterner Fahrer. Das relative Risiko beträgt also 17/0,84 = 20. Mit Alkohol im Kopf hast du eine 20fach erhöhte Wahrscheinlichkeit, einen Unfall mit Todesfolge zu bauen.»

«Uups!»

«Dieser Faktor hängt allerdings empfindlich von der Genauigkeit der ermittelten Häufigkeit alkoholisierter Fahrer ab. Sind es statt einem Prozent nur 0,1 Prozent, dann schnellt der Risikofaktor auf 205 hoch. Sind es aber zehn Prozent, sinkt der Faktor auf knapp zwei. Darum ist für die Berechnung des Risikos die möglichst genaue Kenntnis der Häufigkeit alkoholisierter Fahrer erforderlich. Messungen am Freitag- oder Samstagabend sind sicherlich nicht repräsentativ, es sei denn, man zählt auch nur die Unfälle, die in dieser Zeit geschehen.»

«Ist heute repräsentativ?»

«Wenn die meisten Unfälle ohne Alkohol passieren, ist das ein gutes Zeichen. Führen alle ausschließlich nüchtern Auto, würden sich sogar alle Unfälle ohne Alkohol ereignen. Wenn immer mehr Menschen an Krebs erkranken, kann das ebenfalls ein gutes Zeichen sein. Krebs ist in erster Linie eine Alterskrankheit. Werden andere potenzielle Todesursachen mehr und mehr verdrängt, steigt der Anteil von Krebs als Todesursache an.»

«Ich glaube, der Doktor sollte noch ein Glas Wein ...»

«Doch wirklich. Die Tagespresse ist voll von solchen Nachrichten. Sie sind alle nach demselben Strickmuster verfasst. Wenn Pferde meist junge Mädchen beißen, dann spricht das doch eher dafür, dass sie vornehmlich junge Mädchen vors Gebiss bekommen, als dafür, dass sie vor älteren Herren größeren Respekt hätten.»

«... oder zwei ...»

«Wenn Haie angeblich Männer ‹bevorzugen› und Katzen ‹am liebsten› ältere Damen beißen, dann liegt das ...»

«... oder drei. – Und wenn Herr Doktor dann irgendwann mal fertig ist mit Rechnen und so, könntest du dann einer armen gestrandeten syldavischen Rechtsanwältin ein klitzekleines Notquartier anbieten? Die kann nämlich gar nicht mehr fahren.»

«Merkwürdig, es gibt doch auch Taxis, und die junge Dame auf meinem Sofa ist intelligent genug, das zu wissen», denkt Thomas und fragt: «In welcher ‹geheimen Mission› bist du eigentlich in Hamburg unterwegs?»

«Ja, genau!»

14. Juristisches Roulette

Rationale Verknüpfung von Informationen bei Zeugen- und Indizienprozessen. Abhängigkeit der Irrtumswahrscheinlichkeit von der vollständigen Kenntnis des potenziellen Täterkreises. Die unterschätzte Bedeutung von unentschiedenen Zeugen.

Sicherheit geht vor Seltenheit.
Karl Valentin

Erster Mai und Sonnenschein. Vera und Thomas genießen die Frühlingssonne auf der Terrasse. Auch Hartmut hat sich zum Auslüften nach dem «Tanz in den Mai» dazugesellt.

«Ich rette die Menschheit, und ihr sitzt hier faul bei Kaffee und Kuchen!», ruft Matthias über den Zaun.

«Ach, erst demonstrieren gehen und dann darüber maulen, dass andere was Besseres vorhaben», wehrt der mitgerettete Hartmut ab.

«Setz dich zu uns, großer Retter, und stärk dich erst mal», lädt Thomas ein. Matthias nimmt dankend an: «Das ist nett. Nach der Lauferei qualmen mir die Socken. Ihr glaubt gar nicht, wie viel Polizei da mal wieder aufgeboten wurde. Als wären Demonstranten von Haus aus Schwerverbrecher!»

«Im letzten Herbst war doch erst so eine Demonstration», ereifert sich Hartmut. «Erst gingen zig Schaufensterscheiben zu Bruch, dann brannten zwei Autos, und als die Polizei dann tatsächlich eingreifen wollte, wurde einer der Beamten getötet.»

«Ja, ich erinnere mich», sagt Thomas. «Die Demonstranten wurden von der Polizei eingekesselt ...»

Matthias: «... obwohl unser zukünftiger Verteidigungsminister vielleicht mit dabei war.»

«Ich dachte, Einkesseln ist bei euch verboten ...», wirft Vera ein, aber Hartmut ist fest entschlossen, jetzt seine Rede zum Ersten Mai zu halten, und lässt keine Zwischenbemerkungen mehr zu. «Die Autonomen hatten sich am Kopfsteinpflaster zu schaffen gemacht, und plötzlich hat einer einen großen Stein geworfen. Ein Polizist wurde dabei so schwer verletzt, dass er auf dem Weg ins Krankenhaus starb. Während seine Kollegen ihm am Tatort zu Hilfe eilten, nutzten die Demonstranten die Situation und sind ausgebrochen. Aber zehn wurden doch erwischt und festgenommen. Der Täter war zum Glück auch dabei. Gestern war die Urteilsverkündung.»

«In Syldavien wäre das gleich am nächsten Tag erledigt gewesen!», bemerkt Vera. Offenbar ist Hartmut doch nicht völlig taub, wenn er redet. «Davon können wir hier nur träumen», sagt er. «Aber immerhin haben sie es geschafft, vorgestern den Täter zu verknacken. Bestimmt nicht für lange. Wie ich die Brüder kenne, wird der bald wieder wegen guter Führung entlassen. Hier ist die Meldung aus der Zeitung von gestern:

... zehn der Demonstranten wurden damals verhaftet. Einer der Verhafteten wurde von zwei Zeugen als der Steinewerfer wiedererkannt. Er wurde in der gestrigen Gerichtsverhandlung der fahrlässigen Tötung für schuldig befunden und zu ...»

«Wie haben sie ihn denn überführt?», will Vera wissen. «Hat er gestanden?»

«Nein, hat er nicht ...»

«Und woher weiß man, dass er es war? Gibt es polizeiliche Fotos oder Videoaufnahmen, auf denen der Täter zweifelsfrei zu erkennen ist?»

Hartmut: «Nein, das nicht. Aber zwei Zeugen haben die Tat

beobachtet und den Täter unabhängig voneinander identifiziert.»

Vera: «Kannten die Zeugen den Täter persönlich?»

Hartmut: «Nicht, dass ich wüsste. Wieso?»

Vera: «Weil die Fehlerquote bei Zeugen nicht gerade klein ist.»

Hartmut: «Aber ich bitte dich. Der eine hat das Geschehen auf der Straße vom Balkon aus verfolgt. Der Typ, der den Stein geworfen hat, war in dem Moment fast direkt unter ihm.»

Vera: «Erster Stock?»

Hartmut: «Nee, ich glaube, weiter oben. Die im ersten Stock waren bestimmt nicht auf dem Balkon. Zu gefährlich.»

Vera: «Ob der wirklich in der Lage war, den Täter absolut sicher zu identifizieren? Er hat ihn doch nur von oben gesehen. Und wo war der andere Zeuge?»

Hartmut: «Ein V-Mann der Polizei. Er war mit eingekesselt. In der Zeitung stand, dass er etwa vier Meter vom Täter entfernt war.»

Vera: «Und der kannte den Täter aber.»

Hartmut: «Er hat ihn eindeutig erkannt.»

Vera: «Nein. Ich meine, ob er den Täter vorher schon gekannt hat.»

Hartmut: «Nicht, dass ich wüsste. Warum sollte er?»

Vera: «Dann erscheint mir die Verurteilung ziemlich fragwürdig. Jedenfalls kann man wohl nicht mit ausreichender Gewissheit davon ausgehen, dass der Verurteilte der Täter ist. Aber wenn die Volksseele kocht, dann braucht sie einen Schuldigen. Kann ich mal den Zeitungsartikel haben?»

Thomas: «Glaubst du, er war es nicht?»

Vera: «Ich habe das unbestimmte Gefühl, dass zwei Zeugen nicht ausreichen, um in diesem Fall einem nicht geständigen Verdächtigen die Tat mit ausreichender Sicherheit nachzuweisen. Das müsste man mal ausrechnen.»

Hartmut: «Wieso ausrechnen? Wenn zwei Zeugen den Täter ohne Zweifel identifizieren, dann reicht das doch. Was für Beweise wollt ihr denn noch haben?»

Vera ignoriert Hartmuts Einwand: «Ich weiß auch noch nicht, wie ich das rechnen soll. Aber du kannst mir ja helfen. – Letztlich geht es um die Frage: Wie sicher muss die Zeugenaussage sein, damit das darauf basierende Gerichtsurteil mit großer Wahrscheinlichkeit kein Fehlurteil ist?»

Thomas ist im Wohnzimmer verschwunden und kommt mit Papier und einem Filzstift zurück.

Vera fährt fort: «Nehmen wir zunächst den einfachsten Fall an: Einem einzigen Zeugen wird eine einzige verdächtige Person vorgestellt. Von einem perfekten Zeugen erwarten wir, dass er einen Unschuldigen immer als unschuldig erkennt und auch den Täter immer als solchen identifiziert. Derartige Perfektion kann man aber nicht voraussetzen. Wir können nicht ausschließen, dass der Zeuge in einer unschuldigen Person den Täter sieht. Dies wäre ein *falsch positives* Ergebnis. Oder der Zeuge erkennt den wahren Täter nicht, obwohl er vor ihm steht. Das wäre ein *falsch negatives* Ergebnis.»

Vera zeichnet die Tabelle 36 mit den möglichen Ergebnissen einer Zeugenaussage.

Vera: «Nehmen wir doch einfach mal an, unser Zeuge erkennt den Täter mit 99-prozentiger Sicherheit, sofern er ihm vorgeführt wird.»

Thomas denkt an seine Erfahrungen mit den Taxis. «Ist das denn realistisch?»

Vera: «Nein, natürlich nicht. Aber mir geht es jetzt erst mal nur um den Gedankengang. Wir können später immer noch andere Zahlen einsetzen. Zunächst gehen wir einmal von einem Prozent falsch negativer Aussagen aus. Die Wahrscheinlichkeit für falsch positive Zeugenaussagen soll ebenfalls lediglich ein Prozent betragen. Der Zeuge wird also in 100 vergleichbaren

Fällen einen Unschuldigen irrtümlicherweise als Täter bezeichnen. In den anderen 99 Fällen gibt er korrekt an, dass es sich nicht um den Täter handelt. So, damit haben wir die Zuverlässigkeit des Zeugen ausreichend charakterisiert. Aber: Die Wahrscheinlichkeit, dass die Zeugenaussage richtig ist, hängt nicht nur vom Zeugen selbst ab, sondern auch von der Wahrscheinlichkeit, dass die vorgeführte Person der Täter ist. Thomas erinnert sich bestimmt an das blaue Taxi, das wahrscheinlich grün war?»

	Der Zeuge sagt: «Das ist der Täter»	Der Zeuge sagt: «Das ist nicht der Täter»
Verdächtiger ist der Täter	Richtig positiv	Falsch negativ
Verdächtiger ist unschuldig	Falsch positiv	Richtig negativ

Tabelle 36: Mögliche Ergebnisse einer Zeugenaussage. Annahme: Dem Zeugen wird nur eine einzige verdächtige Person vorgestellt.

Thomas nickt, und Hartmut versteht die Welt nicht mehr: «Also, entweder ist der Zeuge zuverlässig, oder er ist es nicht!?»

Vera: «Sehr richtig. Aber es geht nicht um seine Zuverlässigkeit, sondern um die Zuverlässigkeit seiner Aussage. Nehmen wir ein krasses Beispiel: Bei tausend Gegenüberstellungen von jeweils einem Unschuldigen mit einem zu 99 Prozent sicheren Zeugen wird es im Mittel zehnmal passieren, dass der Zeuge den Täter zu erkennen glaubt. In dieser Situation sind alle Aussagen ‹Das ist der Täter› mit 100-prozentiger Sicherheit falsch. Wir lernen daraus, dass wir für die Einschätzung der Zeugenaussage *zwei* Informationen benötigen, nämlich: die Wahrscheinlichkeit, dass sich der Täter überhaupt unter den Festgenommenen befindet, *und* die Wahrscheinlichkeit, mit der der Zeuge zwischen Täter und Unschuldigen unterscheiden kann.»

Alle nicken. Vera zieht ein paar Striche für Tabelle 37 und redet weiter: «Zurück zur Demonstration. An ihr hatten 100 Personen teilgenommen. Eine von ihnen hat den Stein geworfen. Um das Ganze einfach zu halten, stellen wir uns zunächst einmal vor, dass in dem oben beschriebenen Fall nur eine einzige Person festgenommen wurde. Die Wahrscheinlichkeit, dass sie der Täter ist, beträgt somit 1/100 = 0,01 oder ein Prozent, und zwar *bevor* der Zeuge aussagt. Wenn es der Täter ist, so wird unser Zeuge ihn mit 99-prozentiger Sicherheit identifizieren (richtig positiv). Dies geschieht in 1 % × 0,99 = 0,99 Prozent der Fälle. In 1 – 0,99 = 0,01 Prozent der Fälle steht zwar der Täter vor dem Zeugen, aber dieser erkennt ihn nicht. Jetzt zu den anderen. Mit 99-prozentiger Wahrscheinlichkeit ist die festgenommene Person unschuldig. In 99 % × 0,99 = 98,01 Prozent der Fälle wird dies vom Zeugen auch richtig erkannt. Es verbleibt ein Risiko von 99 – 98,01 = 0,99 Prozent, dass ein Unschuldiger für den Täter gehalten wird. – Uff, das wäre geschafft. Bitte durchatmen.»

	Wahrscheinlichkeit vor der Zeugenaussage	Der Zeuge sagt: «Das ist der Täter»	Der Zeuge sagt: «Das ist nicht der Täter»
Verdächtiger ist der Täter	1 %	0,99 %	0,01 %
Verdächtiger ist nicht der Täter	99 %	0,99 %	98,01 %
Summe	100 %	1,98 %	98,02 %
Irrtumswahrscheinlichkeit:		0,99/1,98 = 50 %	

Tabelle 37: Veras Tabelle zur Bestimmung der Wahrscheinlichkeit, dass eine Person, die von einem Zeugen mit 99-prozentiger Sicherheit identifiziert wird, tatsächlich der Täter ist. Annahmen: 1. Dem Zeugen wird nur eine verdächtige Person vorgeführt. 2. Der Verdächtige ist einer von 100 Tätern.

Alle atmen durch, zum Teil mit Fragezeichen in den Augen.

Hartmut: «Zahlenzauber!»

Matthias: «Zauber der Zahlen.»

Thomas: «War's das? Was wissen wir jetzt?»

Vera: «Geduld, Geduld! Seht euch die dritte Spalte an. In 1,98 Prozent der Gegenüberstellungen sagt der Zeuge: ‹Das ist der Täter.› Davon treffen 0,99 Prozent den tatsächlichen Täter und 0,99 Prozent einen Unschuldigen. Die Wahrscheinlichkeit, dass die Zeugenaussage ‹Das ist der Täter› richtig ist, beträgt also 0,99/1,98 = 0,50 oder 50 Prozent. Trotz der hohen Zuverlässigkeit des Zeugen ist seine belastende Aussage mit einer Wahrscheinlichkeit von 50 Prozent falsch!»

Matthias: «Na, Hartmut? Möchtest du da der Festgenommene sein und dann in einem syldavischen Schnellverfahren abgeurteilt werden?»

Hartmut: «Es gibt keine perfekte Rechtsprechung. Das habe ich nie behauptet!»

Matthias: «Es wurden damals aber nicht nur einer, sondern zehn festgenommen.»

Vera: «Ich sagte doch, erst mal die einfache Variante. Jetzt kommt die mit zehn festgenommenen Demonstranten, die alle dem Zeugen vorgeführt wurden. Wir müssen jetzt zwei Fälle unterscheiden: Der Täter befindet sich unter den zehn, oder er befindet sich nicht unter ihnen.»

Vera beginnt, Tabelle 38 zusammenzustellen. «Mit zehn Prozent Wahrscheinlichkeit ist der Täter unter den Festgenommenen. 10 % × 0,99 = 9,9 Prozent werden richtig erkannt, die restlichen 10 – 9,9 = 0,1 Prozent werden fälschlich nicht für den Täter gehalten.[1]

1 Während Vera weiterredet, denkt Matthias bei sich: «Falls der Täter dabei ist und nicht identifiziert wird, ist die Wahrscheinlichkeit, dass der Zeuge keinen der neun anderen Festgenommenen für den Täter hält, $0{,}99^9 = 0{,}914$. Mit anderen Worten:

Jetzt zu den Unschuldigen. Um eine ganze Gruppe von zehn Unschuldigen richtig zu beurteilen, muss der Zeuge zehnmal zu der Erkenntnis ‹Das ist er nicht› gelangen. Das tut er mit einer Wahrscheinlichkeit von $0{,}99^{10} = 0{,}904$. Da in 90 Prozent der Zehnergruppen tatsächlich jeder unschuldig ist, passiert dies insgesamt mit einer Wahrscheinlichkeit von 90 % × 0,904 = 81,4 Prozent. Verbleiben noch 90 – 81,4 = 8,6 Prozent der Fälle, in

	Wahrscheinlichkeit vor der Zeugenaussage	Der Zeuge sagt: «Das ist der Täter»	Der Zeuge sagt: «Der Täter ist nicht dabei»
Täter ist unter den Verdächtigen	10 %	9,9 %	0,1 %
Täter ist nicht dabei	90 %	8,6 %	81,4 %
Summe	100 %	18,5 %	81,5 %
Irrtumswahrscheinlichkeit:		8,6/18,5 = 46 %	

Tabelle 38: Veras Tabelle zur Bestimmung der Wahrscheinlichkeit, dass eine Person, die von einem Zeugen mit 99-prozentiger Sicherheit identifiziert wird, tatsächlich der Täter ist. Annahmen: 1. Dem Zeugen werden zehn verdächtige Personen vorgeführt. 2. Die Verdächtigen sind zehn von 100 möglichen Tätern.

Wenn er den Täter unter den Festgenommenen übersieht, wird er mit einer Wahrscheinlichkeit von 100 – 91,4 = 8,6 Prozent einen Unschuldigen für den Täter halten. Dieser Fall tritt jedoch insgesamt sehr selten ein, denn der Täter ist nur in zehn Prozent der Fälle unter den Festgenommenen und wird nur in einem Prozent der Fälle nicht als Täter identifiziert. Daraus ergibt sich eine Gesamtwahrscheinlichkeit von 0,10 x 0,01 x 0,086 = 0,000086 oder 0,0086 Prozent. Weil das so selten ist, braucht Vera diesen Fall in ihrem Beispiel nicht zu berücksichtigen. In anderen Fällen, insbesondere bei vielen festgenommenen Personen, könnte dieser Faktor aber eine wichtigere Rolle spielen.»

denen der Zeuge einen Täter unter den Unschuldigen zu erkennen glaubt. Insgesamt würde der Zeuge bei 9,9 Prozent der Gegenüberstellungen im Schuldigen und bei 8,6 Prozent in einem Unschuldigen den Täter sehen. Die Wahrscheinlichkeit, dass sich der Zeuge irrt, beträgt also 8,6/(8,6 + 9,9) = 8,6/18,5 = 0,46 oder 46 Prozent. Der vermeintliche Täter ist mit einer Wahrscheinlichkeit von nur 100 – 46 = 54 Prozent schuldig.»

Thomas: «Dadurch, dass zehn Personen festgenommen wurden, hat sich die Irrtumswahrscheinlichkeit von 50 auf 46 Prozent reduziert.»

Matthias: «Und wenn sie 30 Personen festgenommen hätten, dann wäre die Irrtumswahrscheinlichkeit nur noch 38 und bei 90 Festgenommenen nur noch sieben Prozent. Hab ich gerade nebenbei gerechnet ...»

Thomas: «Applaus für Matthias, den Mann für komplizierte Rechnungen!»

Vera: «Das trifft sich gut. Ich hätte da noch zwei. Eine vom Schneider und eine vom Autohändler.»

Matthias: «Bedaure, nicht mein Tisch.»

Thomas: «Aber in jedem Fall ist die Irrtumswahrscheinlichkeit erstaunlich hoch.»

Matthias: «Und das, obwohl wir doch eine unrealistisch hohe Zuverlässigkeit für den Zeugen angenommen haben.»

Thomas: «Auch das noch! Das hatte ich ja ganz vergessen! – Was ist, wenn wir realistischere Annahmen über die Zuverlässigkeit des Zeugen machen?»

Hartmut: «Ihr habt auch noch vergessen zu berücksichtigen, dass sich das Gericht nicht nur auf eine, sondern auf zwei unabhängige Zeugenaussagen beruft.»

Vera: «Bevor wir weiterrechnen, möchte ich eines festhalten: Es macht also einen erheblichen Unterschied, mit welcher Wahrscheinlichkeit sich der Täter unter den Festgenommenen befindet. Daraus erhebt sich eine eminent wichtige Frage für Zeugenprozesse: *Ist der Kreis der potenziellen Täter komplett?* Vollständige Täterkreise wie in diesem Fall die 100 Eingekesselten sind sehr selten. Und: Alles, was wir ausrechnen, gilt sinngemäß auch für Indizienprozesse.»

Hartmut ungeduldig: «Jetzt rechnet doch endlich mal den Fall zu Ende. Aber mit realistischen Zahlen.»

Matthias: «Was wäre denn realistisch?

Vera: «Wenn wir jeweils fünf Prozent falsch Positive und falsch Negative annehmen, dann ist das sicherlich immer noch sehr optimistisch.»

Matthias: «95-prozentige Zeugenzuverlässigkeit?»

Vera: «Ja, lass uns damit rechnen. Das ist zwar immer noch ziemlich hoch gegriffen, aber dann sind wir auf der sicheren Seite, wenn wir das gefällte Steinewerferurteil anzweifeln.»

Vera: «Matthias, mach du bitte weiter. Ich kann nicht mehr.»

Matthias freut sich. «Nichts lieber als das!»

Hartmut: «Aber bitte langsam, ich hatte nur deshalb keine 5 in Mathe, weil ich immer mit der Lehrerin geflirtet habe.»

Matthias: «Schäm dich. Lieber 'ne 5 in Mathe als 6 im Lehrerzimmer …

Thomas: «… oder 'ne 8 im Fahrrad.»

Vera: «Ach du grüne Neune, jetzt schlägt's 13!»

Matthias: «Also ganz langsam. Für Hartmut. Zehn Demonstranten wurden festgenommen und – getrennt – den beiden Zeugen vorgeführt. Den Zeugen unterstellen wir jetzt eine Fehlerquote von fünf Prozent. Wir müssen zwei Fälle unterscheiden: Entweder ist der Täter unter den zehn, oder er ist es nicht. Da zehn von 100 Demonstranten festgenommen wurden, ist der Täter mit einer Wahrscheinlichkeit von zehn Prozent dabei. Wenn er sich unter ihnen befindet, dann wird ihn der Zeuge mit einer Wahrscheinlichkeit von 95 Prozent identifizieren. Der Anteil an richtig positiven Ergebnissen beträgt also 10 % × 0,95 = 9,5 Prozent. Falls der Täter zwar dabei ist, aber vom Zeugen nicht erkannt wird, könnte dieser einen der anderen neun Festgenommenen für den Täter halten. Die Wahrscheinlichkeit, dass ihm dieser Irrtum nicht unterläuft, beträgt $0,95^9 = 0,63$ oder 63 Prozent. Falls also der Täter unter den zehn Festgenommenen ist, aber vom Zeugen nicht erkannt wird, hält dieser in 100 – 63 = 37 Prozent der Fälle irrtümlicherweise einen der anderen neun Festgenommenen für den Täter. Der Anteil an falsch positiven Ergebnissen dieser Art beträgt also 10 % × 0,05 × 0,37 = 0,2 Prozent. Das ist nicht viel, aber immerhin.»

Vera: «Ach, du Schande. Das haben wir vorhin gar nicht berücksichtigt!»

Matthias: «Ich weiß, macht aber nichts. Ich habe das vorhin schnell im Kopf überschlagen und in die Fußnote geschrieben. Es spielt für den Fall überhaupt keine Rolle.»

Vera liest die Fußnote auf Seite 137 f. und ist beruhigt.

Matthias macht weiter: «Wenn der Täter nicht unter den zehn Verdächtigen ist, gibt es wieder zwei Möglichkeiten: Entweder der Zeuge kommt zu dem richtigen Schluss, dass sich der Täter nicht unter den Festgenommenen befindet, oder er kommt zu dem falschen Schluss, dass einer der zehn Unschuldigen der Täter ist. Die Wahrscheinlichkeit, dass er keinen der zehn Unschuldigen für den Täter hält, beträgt $0,95^{10} = 0,60$ oder 60 Prozent. Also wird er in 40 Prozent dieser Fälle einen der zehn Unschuldigen für den Täter halten. Der Anteil an falsch positiven Ergebnissen dieser Art beträgt somit 90 % × 0,40 = 36 Prozent.»

Thomas: «Das ist aber verdammt viel!»

Matthias: «So ist es. Wenn wir die beiden Sorten falsch positiver Ergebnisse zusammenzählen, so haben wir insgesamt 36,2 Prozent. Mit den 9,5 Prozent richtig positiven Ergebnissen wird der Zeuge in 36,2 + 9,5 = 45,7 Prozent der Fälle sagen: ‹Das ist der Täter.› Die Aussage eines einzelnen Zeugen ist somit in 36,2/45,7 = 0,79 oder 79 Prozent der Fälle falsch.»

Hartmut: «Aber es waren doch zwei Zeugen, die unabhängig voneinander *denselben* Tatverdächtigen identifiziert haben!»

Matthias: «Erst willst du es langsam, dann willst du es schnell. Wie denn nun? – Also, jetzt zu unserem zweiten Zeugen. Für den unterstellen wir ja dieselbe Zuverlässigkeit, also bekommen wir für ihn genau dieselben Ergebnisse. Wenn der Täter unter den zehn Festgenommenen ist, dann erkennen ihn beide mit einer Wahrscheinlichkeit von jeweils 95 Prozent. Dass ihn beide gleichzeitig als Täter erkennen, hat eine Wahrscheinlichkeit von $0{,}95 \times 0{,}95 \approx 0{,}90$ oder 90 Prozent. Da der Täter in zehn Prozent der Fälle dabei ist, beträgt die Wahrscheinlichkeit für ein doppelt positives Ergebnis $10\,\% \times 0{,}90 = 9$ Prozent. Das ist nicht viel weniger als die 9,5 Prozent bei einem einzigen Zeugen.»

Hartmut: «Willst du damit sagen, dass der zweite Zeuge nicht viel bringt?»

Matthias: «Nein. Wart's doch ab! Wir kommen jetzt zur ersten Quelle falsch positiver Ergebnisse. Falls sich der Täter zwar unter den Festgenommenen befindet, aber vom Zeugen nicht erkannt wird, könnte dieser einen anderen der neun übrigen Verdächtigen für den Täter halten. Zum Glück gibt es ja aber noch den zweiten Zeugen. Die Wahrscheinlichkeit, dass beide Zeugen den Täter nicht erkennen, beträgt wegen ihrer 95-prozentigen Zuverlässigkeit $(1 - 0{,}95) \times (1 - 0{,}95) = 0{,}05 \times 0{,}05 = 0{,}0025$ oder 0,25 Prozent. Dann müssten beide auch noch einen der anderen neun für den Täter halten. Und obendrein muss es derselbe sein. Das ist so unwahrscheinlich, dass wir es hier vernachlässigen können.»[2]

---

2 «Also, wenn Sie es unbedingt wissen wollen», sagt Matthias mit anerkennendem Blick: «Die Wahrscheinlichkeit, dass einem Zeugen dieser Irrtum nicht unterläuft, beträgt $0{,}95^9 = 0{,}63$ oder 63 Prozent. Falls also der Täter unter den zehn Festgenommenen ist, aber vom Zeugen nicht erkannt wird, so wird er in 37 Prozent der

Thomas: «Ah – ich verstehe. Der zweite Zeuge bringt ja richtig was. Die eine Fehlerquelle ist jetzt praktisch ausgeschlossen.»

Hartmut: «Hab ich doch gesagt, dass er es war.»

Matthias blickt verzweifelt zum immer noch blauen Himmel und seufzt: «Oh, Herr, gib mir Geduld, und zwar sofort! – So, und jetzt zur anderen Fehlerquelle. Wenn sich der Täter nicht unter den zehn Verdächtigen befindet, könnten beide Zeugen dennoch glauben, dass er dabei ist. Wie wir gesehen haben, beträgt die Wahrscheinlichkeit, dass ein Zeuge zu dieser Einschätzung kommt, 36 Prozent. Die Wahrscheinlichkeit, dass beide davon überzeugt sind, beträgt somit 0,36 × 0,36 = 0,13 oder 13 Prozent. Wenn dieser Fall eintritt, dann müssten auch noch beide zufällig auf denselben tippen.»

Thomas: «Und die Wahrscheinlichkeit dafür beträgt eins aus zehn oder zehn Prozent.»

Matthias: «Ja, wenn man unterstellt, dass es rein zufällig ist, auf wen sie tippen. Nun kann ja einer der Festgenommenen dem wahren Täter sehr ähnlich sehen. Dann wäre die Wahrscheinlichkeit, dass *beide* auf diesen tippen, deutlich größer. Sagen wir mal 90 Prozent?»

Vera: «90 ist sicher zu viel, und zehn Prozent sind die untere Grenze. Rechne doch mit beiden Zahlen weiter.»

Fälle irrtümlich einen der anderen neun Festgenommenen für den Täter halten. Wenn wir unterstellen, dass dieser Irrtum nichts mit dem Aussehen des Festgenommenen – das heißt einer besonderen Ähnlichkeit mit dem Täter – zu tun hat, dann ist die Wahrscheinlichkeit, dass beide genau denselben Unschuldigen erwischen, 1/9 = 0,11 oder 11 Prozent. Lässt sich die Fehlidentifikation aber auf ein bestimmtes Merkmal des Unschuldigen zurückführen, ist die Wahrscheinlichkeit sehr viel größer, vielleicht 90 Prozent. Somit ergibt sich als Anteil an falsch positiven Ergebnissen dieser Art ein Wert zwischen 0,10 x 0,0025 x 0,37 x 0,11 = 0,00001 und 0,10 x 0,0025 x 0,37 x 0,90 = 0,00008, also zwischen 0,001 und 0,008 Prozent.»

Matthias: «Die Wahrscheinlichkeit für falsch positive Ergebnisse beträgt in dem einen Fall 90 % × 0, 13 × 0, 10 = 1,2 Prozent und in dem anderen 90 % × 0,13 x 0,90 = 10,5 Prozent. Zwischen 1,2 und 10,5 Prozent falsch positive Ergebnisse – je nachdem, wie hoch wir die Chance ansetzen, dass sie denselben Unschuldigen auswählen.»

Vera: «Dem stehen die neun Prozent richtig positiven Ergebnisse gegenüber. Das ergibt eine Irrtumswahrscheinlichkeit zwischen 1,2/(1,2 + 9) = 0,12 und 10,5/(10,5 + 9) = 0,54 oder zwischen 12 und 54 Prozent.»

Hartmut: «Seht ihr! Mit 100 – 12 = 88 Prozent Wahrscheinlichkeit war er es, wenn man mal den anderen Fall außer Acht …»

Matthias: «Hartmut der Harte hat gesprochen. Spätestens nach deiner zweiten Eiche hätten wir dich einem syldavischen Richter ausliefern sollen!»

Hartmut: «Versteh ich nicht.»

Matthias: «Dann lies Kapitel 12!»

Vera: «Eine Irrtumswahrscheinlichkeit von zwölf bis 54 Prozent ist wahrlich zu groß für eine Verurteilung. Trotz meiner Skepsis am Anfang hätte ich nicht gedacht, dass das Urteil auf so wackligen Beinen steht. Und so mancher Richter wohl auch nicht. *Iudex non calculat*: Der Richter rechnet nicht. Für eine Verurteilung reicht es, wenn der Richter zu der Überzeugung gelangt, dass der Verdächtige die Tat begangen hat. Diese Überzeugung muss natürlich für andere Richter nachvollziehbar sein.»

Thomas: «Nun zu der Frage, die wir uns am Anfang gestellt haben. Wie sicher muss die Zeugenaussage sein, damit das auf ihr basierende Gerichtsurteil mit großer Wahrscheinlichkeit kein Fehlurteil ist?»

Matthias: «Hab ich schon gerechnet, ganz nebenbei. Das Ergebnis hängt davon ab, was wir als ausreichende Sicherheit für eine Verurteilung ansehen. 100 Prozent geht nicht. Dann kann man nie jemanden verurteilen. 99 Prozent? Das mag genug sein für Temposünder. Wenn da jeder Hundertste zahlen muss, obwohl er die zulässige Geschwindigkeit gar nicht überschritten hat, ist das vielleicht zu verkraften. Bei Gefängnisstrafen allerdings nicht, finde ich. Deshalb habe ich mit 99,9-prozentiger Sicherheit gerechnet. Man muss dann bei zwei Zeugen und zehn von 100 festgenommenen Verdächtigen eine Zuverlässigkeit von jeweils mindestens 99,67 Prozent fordern. Also eine Rate falsch positiver und falsch negativer Ergebnisse von höchstens 0,33 Prozent.»

Vera: «Einen so hohen Wiedererkennungswert haben nur Leute, die man persönlich kennt – und zwar schon vor dem zu bezeugenden Ereignis. Deshalb habe ich vorhin dauernd danach gefragt.»

Thomas: «Wie viele Zeugen braucht man denn im Normalfall, um eine faire Entscheidung sicherzustellen, wenn die Leute sich vorher nicht kennen?»

Vera: «Keine Ahnung. Wäre aber gut zu wissen! Mir ist gerade auch klar geworden, dass es eminent wichtig ist, ob es Zeugen gibt, die den Verdächtigen *nicht* als den Täter haben identifizieren können. Wenn dies der Fall sein sollte, dann ändern sich die Wahrscheinlichkeiten allesamt dramatisch. Vielleicht schreib ich mal ein Buch darüber, aber nicht mehr in diesem Kapitel. Das ist schon schwierig genug.»

Hartmut: «Ihr habt eure Rechnung ohne den wissenschaftlichen Fortschritt gemacht. Mit gentechnischen Methoden lassen sich Täter praktisch 100-prozentig identifizieren. Eine am Tatort weggeworfene Kippe kann einen deutlichen genetischen Fingerabdruck hinterlassen.»

Vera: «Diese Verfahren sind wirklich sehr genau und liefern nur einen extrem kleinen Anteil an falsch positiven Ergebnissen. Allerdings ist der überprüfte Personenkreis meistens auch sehr groß.»

Hartmut: «In unserem Fall würde ein genetischer Fingerabdruck auf dem Pflasterstein völlig genügen. Ein kleines bisschen Blut aus einer Schürfwunde an der Hand reicht aus, um so einem Killer zu dem zu verhelfen, was er verdient!»

Matthias: «Oder um jemanden zu bestrafen, der den Stein zwar ausgegraben, aber nicht geworfen hat. Das muss doch nicht ein und dieselbe Person sein.»

Hartmut: «Du Klugscheißer!»

Vera: «Pause. Auseinander. Jeder in seine Ecke.»

Thomas: «Das ist doch einfach genial hinterhältig. Stellt euch vor, ich stecke mir heimlich eine von Hartmuts Kippen ein, überfalle rauchenderweise als Hartmut verkleidet eine Bank und lasse nicht meine, sondern seine Kippe dort liegen. Später muss ich nur noch den Verdacht auf ihn lenken, und der Rest erledigt sich von selbst, weil der Test ja so supersicher ist.»

Hartmut: «Bei euch muss man ganz schön aufpassen, sogar auf seine Kippen.»

Vera: «Das kann man noch ausbauen. Nehmen wir mal an, ich will meine nörgelnde Erbtante vorzeitig abservieren. Wenn ich die Tat aus Gründen der Diskretion oder aus Sparsamkeit selber begehe, wäre es, da man mich als erbende Nichte ohnehin verdächtigen würde, sehr nützlich, am Tatort die Kippe eines der Polizei bekannten Frauenmörders zu hinterlassen. Auf ihren alten Kunden kommt die Kripo von selber, weil sie eine genetische Datenbank einschlägig Vorbestrafter besitzt. Solche Kippen wären natürlich richtiges Geld wert.»

Hartmut: «Den Vorschlag von Geißler, allen Männern in Deutschland einen genetischen Fingerabdruck abzunehmen, finde ich trotzdem gut. Wer nichts zu verbergen hat ...»

Matthias: «... dem kann man trotzdem was ans Zeug flicken!»

Thomas: «Und als Gegenstück zur polizeilichen Datenbank wäre eine Kippenbank im Milieu denkbar. Kippen mit Zertifikat. In Zusammenarbeit mit Vertreterinnen und Vertretern des horizontalen Gewerbes wäre sogar eine Samenbank der etwas anderen Art möglich …»

«… per Samenraub, wie neulich in der Zeitung …», prustet Vera dazwischen.

«… damit könnte man Sexualdelikte anderen in die Schuhe …»

Hartmut: «Jetzt dreht ihr aber völlig durch!»

Vera: «Nach meiner Erfahrung war das Leben bislang immer noch durchgedrehter als das, was vorher phantasiert wurde.»

Teil 2 in Kürze

«Nur» jeder tausendste schlagende Ehemann bringt seine Frau eines Tages um. Diese im Mordprozess vorgebrachte Verlautbarung war zur Entlastung des Angeklagten O. J. Simpson gedacht – und wird zu einer belastenden Information, wenn man genauer darüber nachdenkt.

Aber es geht auch andersherum. Ist Willi Waasnich verantwortlich für das Blutbad im Jungbrunnen? Auf den ersten Blick belastende Aussagen treiben den armen Gärtner in die Enge. Dank Vera Prioris scharfem Verstand tragen sie jedoch alle zur Entlastung bei, und wir lernen von ihr, wie man beim Denken in Wahrscheinlichkeiten mehr als zwei Informationen miteinander verknüpfen kann.

Im Verknüpfen übt sich auch Thomas, um Hartmut zu helfen, dem die Eichen wegsterben. Ohne ein Vor-Urteil, stellt er fest, kann er nicht über Hartmut urteilen. Alles hängt von seinen Annahmen ab. Dann übersieht Thomas zunächst, dass für seine Wahrscheinlichkeitsbetrachtungen die Bäume unabhängig voneinander gestorben sein müssen. Simple Pilze rücken den Fall in ein ganz anderes Licht und retten Hartmuts guten Ruf.

Die zum Teil hitzige Diskussion unserer Sackgassenbewohner bringt es an den Tag: Ein Augenzeuge muss sehr viel zuverlässiger sein, als man gemeinhin denkt. Zwei Zeugen sind besser als einer. Auch das ist kein Allheilmittel, aber unentschiedene Zeugen können entscheidend sein. Ist der Kreis der potenziellen Täter vollständig bekannt? Mit welcher Wahrscheinlichkeit befindet sich der Täter unter den Verdächtigen? Ohne diese Angaben ist es unmöglich, den Wert einer Zeugenaussage einzuschätzen, und richterliche Entscheidungen werden zum juristischen Roulette.

Wie zählt man das, was man nicht sieht? Die Anzahl schlagender Ehemänner oder die übersehenen Fehler in einer Druckfahne? Kapitel 10 gibt Auskunft.

Vera und Thomas kriegen sich in dem Kapitel mit der Glückszahl und stellen nebenbei fest, wie gefährlich Alkohol am Steuer ist.

Teil 3
Die Lebenslüge der medizinischen Forschung

Hier geht es um Leben und Tod. Und darum, ob und wie man aus klinischen Studien etwas lernen kann. Wir werden sehen, dass die Wahrscheinlichkeitslogik bei der Interpretation von Labortests, hier am Beispiel einer Krebsvorsorgeuntersuchung, im medizinischen Alltag ganz selbstverständlich und richtig eingesetzt wird. Bei der Interpretation klinischer Forschungsergebnisse, deren Logik der eines Labortests entspricht, wird die Wahrscheinlichkeitslogik hingegen völlig ignoriert. Die Folge: Klinische Studien werden systematisch falsch interpretiert, und es wird nicht vorhandene Sicherheit vorgetäuscht.
Warum wird die Wahrscheinlichkeitslogik einmal richtig und einmal gar nicht verwendet?

Schwöör, schawöör, schanattawöör
hart'z ümm Laibn drr Ducktör.
Undre Luite drünckn grafftick,
räuchhen büssis weih dutt hafftigg;
ont dönn kimmnt drr Ducktatör
mütt dmm Skulparpell darhör,
schnuidet äuff dnn kruncken Bäuchn –
dörff tarpei nücht oinmall räuchn –
nücht oinmall n Schlöckchn drüncken,
s Onnrächt dutt zomm Himmul schtüncken!
Matthias Koeppel

15. Krebstest im Test

Rationale Betrachtung der Aussagekraft und des Nutzens von Früherkennungsuntersuchungen

Angst essen Seele auf.

Rainer Werner Fassbinder

Thomas kommt von einer seiner in letzter Zeit häufigeren Syldavienreisen zurück in seine Wohnung, leert seinen Koffer in die Waschmaschine, füllt den Kühlschrank mit syldavischen Leckerelen, lässt Wäsche Wäsche sein und sich aufs Bett fallen. Er schließt genüsslich die Au… das Telefon klingelt. Rangehen? Es klingt sehr nach seiner Mutter: Je länger er nicht zum Hörer greift, umso länger klingelt es. Sie ist es, kommt aber trotzdem schnell zur Sache. Alfred, Thomas' Vater, war zur Krebsfrüherkennungsuntersuchung. Ein paar Tage darauf, vor etwa einer Woche, rief die Hausärztin an und bestellte Alfred nochmals ein. In der Praxis erklärte sie ihm, dass aufgrund der Laborergebnisse Verdacht auf Mastdarmkrebs bestehe. Thomas' Vater solle sich nun weiteren Untersuchungen wie Rektoskopie, Röntgenkontrastaufnahmen und Koloskopie unterziehen. Für Alma, Thomas' Mutter, kommt diese Nachricht einem Todesurteil gleich. Da es Thomas nicht gelingt, seine Mutter am Telefon zu beruhigen, verspricht er, gleich zu kommen. Er überlässt die Waschmaschine ihrem Schicksal und macht sich auf den Weg.

Bei den Eltern gibt es Familie satt: Schwester Celina und Schwager Hartmut sind auch schon da. Die vier sitzen in der Küche. Auf dem Tisch steht Alfreds Sonntagsaquavit, und keiner trinkt. «Sehr schlechtes Zeichen», denkt Thomas und geht sofort zum Thema über: «Zur Frühdiagnose von Kolonkarzinomen wird ein Test verwendet, der auf dem Nachweis von Blut im Stuhl beruht. Blut im Stuhl ist ein Indiz für ein Kolonkarzinom. Von einem perfekten diagnostischen Test erwarten wir, dass er alle Gesunden als gesund erkennt und alle Kranken als krank. Aber kein Test ist perfekt. Prinzipiell sind zwei Arten von falschen Ergebnissen möglich. Das eine falsche Ergebnis besteht darin, dass der Test in einigen Fällen auch dann Blut im Stuhl nachweist, wenn der Untersuchte kein Kolonkarzinom hat. Das ist ein falscher Alarm für den Patienten; der Arzt nennt so etwas ein *falsch positives Ergebnis.* Das andere falsche Ergebnis entsteht dadurch, dass der Test kein Blut nachweist, obwohl der Patient tatsächlich ein Kolonkarzinom hat. Diese falsche Entwarnung wird *falsch negatives Ergebnis* genannt.» Während Thomas die Tabelle 39 aufstellt, erzählt er die Geschichte von Marinas blauem Golf (siehe Kapitel 1): «So, und diese Tabelle zeigt, welche falschen und richtigen Ergebnisse bei Tests an Kranken und Gesunden prinzipiell möglich sind.»

	Das Testergebnis ist positiv (Der Untersuchte wird als krank angesehen)	Das Testergebnis ist negativ (Der Untersuchte wird als gesund angesehen)
Der Patient ist krank	*Richtig positiv*	*Falsch negativ*
Der Patient ist gesund	*Falsch positiv*	*Richtig negativ*

Tabelle 39: Mögliche Ergebnisse eines klinischen Tests

«Wie kann es denn zu falsch positiven Ergebnissen kommen?», will Celina wissen.

«Blut im Stuhl kann verschiedene Ursachen haben: Hämorrhoiden, Nasenbluten, Parodontose, selbst Blutwurst …»

«Und falsch negativ?»

«Nicht jeder Tumor führt zu einer Blutung.»

Celina ist zufrieden, und Thomas fährt fort. «Die Wahrscheinlichkeit für falsch positive Testergebnisse beträgt bei dem gebräuchlichen Verfahren zur Frühdiagnose von Kolonkarzinomen drei Prozent. Von 100 getesteten gesunden Personen wird also bei dreien irrtümlich ein Karzinom vermutet. Bei den anderen 97 gibt der Test korrekt an, dass kein Mastdarmkrebs vorliegt.» Thomas ergänzt die Tabelle 39 zu Tabelle 40.

	Das Testergebnis ist positiv (Der Untersuchte wird als krank angesehen)	Das Testergebnis ist negativ (Der Untersuchte wird als gesund angesehen)
Der Patient ist krank	*50 % richtig positiv*	*50 % falsch negativ*
Der Patient ist gesund	*3 % falsch positiv*	*97 % richtig negativ*

Tabelle 40: Wahrscheinlichkeiten für positive und negative Ergebnisse beim Test auf Mastdarmkrebs

Hartmut: «Wenn der Test positiv war, dann beträgt die Chance drei Prozent, dass man doch kein Kolonkarzinom hat?»

«Nein – eben nicht», erwidert Thomas. «Bitte, warte erst mal ab. Das ist viel komplizierter. Wir brauchen jetzt noch die Wahrscheinlichkeit für falsch negative Ergebnisse. Sie beträgt bei dem gebräuchlichen Verfahren immerhin satte 50 Prozent, das heißt, die Hälfte der tatsächlich vorhandenen Kolonkarzinome wird übersehen.»

Hartmut: «Aber ist das nicht völlig egal, wenn der Test doch positiv war?»

«Nein, nun wart's doch ab», erwidert Thomas. «Nur wenn wir diese drei Zahlen haben: den Anteil der Kranken in der Bevölkerung, den Anteil der falsch Positiven *und* den Anteil der falsch Negativen – nur dann können wir ausrechnen, wie wahrscheinlich es ist, dass jemand mit einem positiven Testergebnis tatsächlich an Mastdarmkrebs erkrankt ist und nicht durch eine Falschmeldung beunruhigt wird. In der Altersgruppe zwischen

75 und 79 Jahren, zu der auch Alfred gehört, leiden 0,2 Prozent der Männer an Mastdarmkrebs, ohne es zu merken.[1]

Von 100 000 Untersuchten haben also 200 einen solchen Tumor, ohne Symptome aufzuweisen (Tabelle 41). Von diesen 200 wird der Test die Hälfte, also 100, nachweisen *(richtig positiv)*. Die andere Hälfte wird übersehen *(falsch negativ)*. Von den 99 800 Gesunden werden 97 Prozent vom Test richtig als gesund erkannt *(richtig negativ)*. Bei drei Prozent (0,03) der Gesunden schlägt er jedoch falschen Alarm. Dies sind immerhin 99 800 × 0,03 = 2994 Personen mit einem *falsch positiven* Ergebnis. Insgesamt fällt der Test bei 100 Erkrankten und 2994 Gesunden positiv aus, das sind zusammen 3094. Alfred gehört zu dieser Gruppe mit positivem Testergebnis. Wie groß ist nun die Wahrscheinlichkeit, dass er wirklich krank ist? Die Wahrscheinlichkeit entspricht dem Anteil der richtig positiven unter allen positiven Ergebnissen, 100/3094 = 0,032 beziehungsweise 3,2 Prozent. Trotz des positiven Testergebnisses beträgt die Wahrscheinlichkeit, dass Alfred krank ist, also nur 3,2 Prozent. Mit einer Wahrscheinlichkeit von immerhin 100 – 3,2 = 96,8 Prozent hat er keinen Mastdarmkrebs.»

«Dann ist unser Ali ja so gut wie gesund – oder was heißt das?» Alma weiß noch nicht, ob sie sich freuen soll.

«Die 3,2 Prozent sind Anlass genug, sich, wie die Ärztin vorschlägt, weiteren Untersuchungen zu unterziehen, aber es besteht kein Grund zur Panik», erwidert Thomas und lehnt sich zurück.

«Von 100 000 untersuchten Personen», erklärt Thomas weiter, «erhalten 2994 ein falsch positives Testergebnis. Bei ihnen sind die anschließenden Untersuchungen eigentlich unnötig. Al-

1 Laut saarländischem Krebsregister betrug die Inzidenz im Zeitraum von 1970 bis 1992 bei Männern im Alter von 75 bis 79 Jahren etwa 200 pro 100 000 und pro Jahr. Dies entspricht 0,2 Prozent pro Jahr.

lerdings wird bei den 100 Personen, die richtigerweise ein positives Testergebnis hatten, der Tumor früher entdeckt.»

«Und die werden dann gerettet!», fügt Alma hinzu.

«Nein, leider nicht alle», entgegnet Thomas. «Die frühe Diagnose führt aber zu einer besseren Heilungschance. Denn durch die Früherkennung können ungefähr 20 Prozent mehr gerettet werden als ohne. Bei jedem einunddreißigsten Nachuntersuchten (100/3094 ≈ 1/31) wird auf diese Weise der Mastdarmkrebs früher erkannt.»

	Anzahl der untersuchten Personen	Anzahl positiver Testergebnisse	Anzahl negativer Testergebnisse
Patient ist krank	200	100	100
Patient ist gesund	99 800	2994	96 806
Summe	100 000	3094	96 906
Wahrscheinlichkeit bei positivem Testergebnis, tatsächlich an Mastdarmkrebs erkrankt zu sein:		100/3094 = 3,2 %	

Tabelle 41: Übersicht zur Bestimmung der Wahrscheinlichkeit, dass ein 75 bis 79 Jahre alter Mann mit einem positiven Testergebnis tatsächlich an Mastdarmkrebs erkrankt ist. Inzidenz der Erkrankung: 0,2 Prozent. Eigenschaften des Tests siehe Tabelle 40.

«Auf diese Weise haben dann ungefähr 20 von 3094 Nachuntersuchten tatsächlich etwas von der Prozedur, weil sie dadurch überleben», ergänzt Alfred, der bisher nur geschwiegen hat. «Das ist so etwa jeder hundertfünfzigste.»

«Was bedeutet, dass für den großen Vorteil, den die Vorsorge diesem einen Erkrankten bringt, knapp 150 Gesunde die Unannehmlichkeit einer Nachuntersuchung auf sich nehmen müssen.»

«Also, hab ich das nun richtig verstanden: Ich bin wahrscheinlich gesund, aber ich wäre ganz schön dumm, wenn ich nicht zur Nachuntersuchung ginge?», fragt Alfred.

«Genau so ist es», bestätigt Thomas.

Kaum sieht Thomas seine Mission als beendet an, da meldet sich sein Schwager zu Wort. Er sieht sehr blass aus und hat heute erstaunlich wenig dazwischengeredet. Ob er krank ist?

«Nach Alfreds Befund hab ich auch so einen Test machen lassen. Und das Ergebnis war ebenfalls positiv. Also sollte ich jetzt wohl auch zur Nachuntersuchung?»

Thomas schüttelt den Kopf.

«Es war dasselbe Labor, das die Untersuchung durchgeführt hat», fügt Celina hinzu. «Also ist die Aussagekraft doch wohl dieselbe!?»

«Nein, keineswegs», erwidert Thomas, «Mastdarmkrebs tritt bei jungen Menschen wesentlich seltener auf als bei älteren. Deshalb müssen wir Tabelle 41 für Hartmuts Altersgruppe entsprechend zur Tabelle 42 abändern. In Hartmuts Alter (30 bis 34 Jahre) ist Mastdarmkrebs ungefähr 100-mal seltener als in Alfreds Altersgruppe. Die Inzidenz beträgt nur 0,002 Prozent.[2]

Von 100 000 Personen sind im Mittel nur zwei erkrankt. Die Wahrscheinlichkeit, bei positivem Testergebnis tatsächlich erkrankt zu sein, beträgt für Hartmuts Altersgenossen nur 1/3001 = 0,00033 beziehungsweise 0,033 Prozent. Verglichen mit der Inzidenz vor dem Test hat die Wahrscheinlichkeit um den Faktor 0,033 %/0,002 % = 16,5 zugenommen. Das hört sich schlimm an, ist es aber gar nicht. Die Wahrscheinlichkeit, dass Hartmut nicht an Mastdarmkrebs erkrankt ist, betrug vor dem Test 99,998 Prozent. Nach dem Test beträgt sie ‹nur› noch 99,97

2 Diese Angaben stammen wieder aus dem saarländischen Krebsregister. Der genaue Wert für die Inzidenz beträgt 1,72 pro 100 000.

Prozent. Also kein Grund zur Sorge, lieber Hartmut. Das Testergebnis dürfte deine gefühlte Sicherheit kaum beeinträchtigen. Weitere Untersuchungen halte ich deshalb nicht für erforderlich. Deine Gesundheitswahrscheinlichkeit lässt sich ohnehin kaum verbessern, aber du müsstest mit etwaigen Nebenwirkungen der Untersuchungen rechnen.»

«Nebenwirkungen der Nachuntersuchung? Alfred ist sehr wahrscheinlich gesund, sagst du, und dann soll er sich darauf einlassen?» Alma ist wieder in Alarmstimmung.

	Anzahl der untersuchten Personen	Anzahl positiver Testergebnisse	Anzahl negativer Testergebnisse
Patient ist krank	2	1	1
Patient ist gesund	99 998	3000	96 998
Summe	100 000	3001	96 999
Wahrscheinlichkeit bei positivem Testergebnis, tatsächlich an Mastdarmkrebs erkrankt zu sein:		1/3001= 0,033 %	

Tabelle 42: Übersicht zur Bestimmung der Wahrscheinlichkeit, dass ein 30 bis 34 Jahre alter Mann mit einem positiven Testergebnis tatsächlich an Mastdarmkrebs erkrankt ist. Inzidenz der Erkrankung: 0,002 Prozent. Eigenschaften des Tests siehe Tabelle 40.

«Keine Panik», beruhigt Thomas, «wirklich ernste Nebenwirkungen sind da sehr selten.»

«Und die wären, wenn sie dann doch auftreten?», bohrt Hartmut nach.

«Schwere Blutungen, die einen operativen Eingriff notwendig machen, oder – wenn es ganz schlimm kommt – sogar Darmperforationen. Sie treten im Schnitt bei einer von 500 Untersuchungen auf. Beide, Alfred und Hartmut, gehen bei einer Nachuntersuchung das Risiko ein, eine solche Komplikation zu erleiden. Aber bei Alfred ist der Nutzen der Nachuntersuchung 100-mal größer, weil es 100-mal wahrscheinlicher ist, dass er Mastdarmkrebs hat. Auch die Kosten-Nutzen-Relation ist vom Alter der Untersuchten abhängig. Stellen wir uns eine Reihenuntersuchung an 100 000 Menschen aus Alfreds und 100 000 Menschen aus Hartmuts Altersgruppe vor (Tabelle 43). In beiden Altersgruppen ist das Ergebnis bei ungefähr 3000 Probanden positiv. Wenn alle Personen mit positivem Ergebnis nachuntersucht werden und die Nachuntersuchungen auch alle tatsächlich Kranken herausfiltern (ein derart perfektes Verfahren gibt es allerdings nicht), dann würde man unter den älteren Probanden 100, bei den jungen aber nur einen Krankheitsfall früher erkennen. Der Aufwand pro früh erkannten Fall ist in der jungen Gruppe ungefähr 100-mal größer und entsprechend teurer. In beiden Gruppen werden sechs Personen Komplikationen erleiden. Dadurch ist das Verhältnis von Risiko zu Nutzen in der jüngeren Gruppe ebenfalls 100fach höher. Auf einen einzigen früh erkannten Fall kommen hier sechs Probanden mit Komplikationen, während es in der älteren Gruppe nur 0,06 oder sechs auf 100 sind.»

Thomas kramt aus seiner Aktentasche dieses Buch heraus und schlägt die Seite mit der Abbildung 10 auf: «Hier ist für alle Altersgruppen von 20 bis fast 80 Jahren das aufgetragen, was Alfred und Hartmut wissen wollten: die Wahrscheinlichkeit, tatsächlich an Mastdarmkrebs erkrankt zu sein, wenn man den ersten Test hinter sich hat und das Ergebnis positiv ist. Man sieht, dass die Wahrscheinlichkeit vom Alter abhängt und für Frauen etwas geringer ist als für Männer. Die Früherkennungsuntersuchung wird vom fünfundvierzigsten Lebensjahr an empfohlen. Bei jungen Leuten ist selbst ein positives Ergebnis belanglos.»

Und im Stillen denkt er: «Eine Früherkennungsuntersuchung auf Mastdarmkrebs bei Dreißigjährigen ist genauso unsinnig

Altersgruppe:	75 bis 79 Jahre (Alfred)	30 bis 34 Jahre (Hartmut)
Erstuntersuchungen	100 000	100 000
Anzahl mit positivem Ergebnis = Anzahl derer, die nachuntersucht werden	3094	3001
Durch Nachuntersuchung früh erkannte Krankheitsfälle[3]	100	1
Geheilte Patienten, die ohne Früherkennung an Mastdarmkrebs verstorben wären	20	0,2
Anzahl Erstuntersuchungen pro früh erkannten Fall	100 000/100 = 1000	100 000/1 = 100 000
Anzahl Nachuntersuchungen pro früh erkannten Fall	3094/100 = 30,94	3001/1 = 3001
Durch Nachuntersuchung verursachte Komplikationen (schwere Darmblutung oder Darmperforation)	6	6
Anzahl der Komplikationen pro gerettetes Leben	0,3	30

Tabelle 43: Diagnostischer Aufwand für die Früherkennung von Mastdarmkrebs

wie das Leckerellenangeln (selbst mit Spezialköder) in Gewässern, in denen es praktisch keine Leckerellen gibt.»
Hartmut ist erleichtert und wird wieder redselig. Celina ist froh, mit einem so klugen Arzt verwandt zu sein. Thomas hätte lieber

3 Dies ist die maximale Anzahl früh erkannter Fälle. Nachfolgende Untersuchungen, die ebenfalls nicht perfekt sind, können aus einem zunächst richtig positiven Fall einen falsch negativen machen.

einen Lebensmitteleinzelhändler mit Lieferservice in der Familie. Alfred fragt, warum niemand Aquavit getrunken hat. Nur Alma erkennt den neuen Ernst der Lage und ist felsenfest davon überzeugt, dass jetzt alle Hunger haben müssen. Niemand widerspricht ihr. Die Pause bis zum Erscheinen der ersten Schnittchen überbrückt Thomas mit einem Vortrag über Vorsorgemaßnahmen, ohne zu merken, dass ihm niemand mehr zuhört.

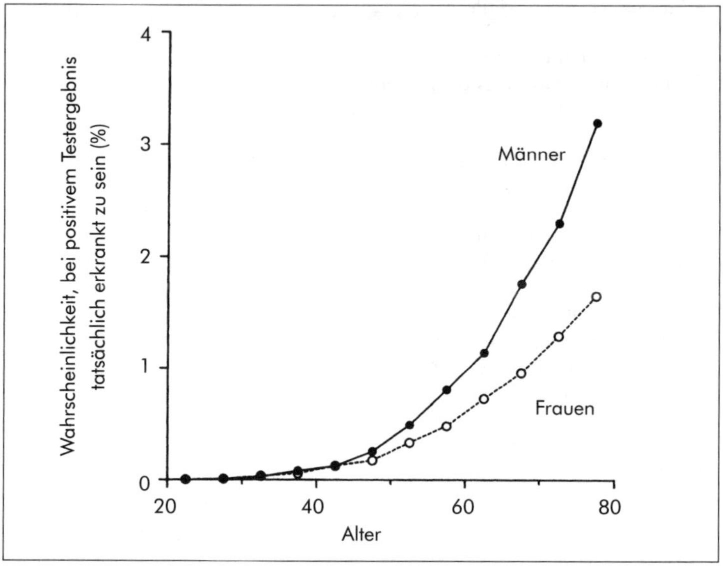

Abbildung 10: Wahrscheinlichkeit, tatsächlich an Mastdarmkrebs erkrankt zu sein, wenn das Ergebnis des ersten Tests positiv ist. Die Zahlen gelten für die Frühdiagnose von Mastdarmkrebs durch Nachweis von Blut im Stuhl. Die Wahrscheinlichkeit hängt vom Alter und vom Geschlecht der untersuchten Person ab. Die Inzidenzdaten stammen aus dem saarländischen Krebsregister.

«In Tabelle 44 sind die Wahrscheinlichkeiten, an Mastdarmkrebs erkrankt zu sein, nochmals für die beiden Altersgruppen zusammengestellt. Die Wahrscheinlichkeit vor Durchführung des Tests (Inzidenz) hängt vom Alter ab, die Wahrscheinlichkeit nach dem Test vom Alter *und* vom Testergebnis. Sie steigt, wenn dieses positiv ist, und fällt bei negativem Befund. Die Wahrscheinlichkeit, erkrankt zu sein, ist bei einem jungen Mann mit *positivem* Testergebnis etwa dreimal *geringer* als bei einem alten Mann mit *negativem* Testergebnis. Im Fall der Kolonkarzinomfrüherkennung kann man aus einem Testergebnis keine eindeutigen Konsequenzen ziehen, wenn man das Alter der untersuchten Person nicht kennt. Ganz allgemein gilt, dass ohne Kenntnis der Inzidenz der Erkrankung eine Vorsorgeuntersuchung völlig wertlos ist.

	30 bis 34 Jahre		75 bis 79 Jahre	
Wahrscheinlichkeit vor dem Test	0,002 %		0,2 %	
Testergebnis:	*negativ*	*positiv*	*negativ*	*positiv*
Wahrscheinlichkeit nach dem Test	0,001 %	0,033 %	0,1 %	3,2%

Tabelle 44: Früherkennung von Mastdarmkrebs bei Männern, Wahrscheinlichkeit, tatsächlich an Mastdarmkrebs erkrankt zu sein.

Entsprechendes gilt natürlich auch für den Test auf BSE. Niemand weiß, wie häufig diese Krankheit in Deutschland ist. Also kann auch niemand wissen, mit welcher Wahrscheinlichkeit ein Rind krank ist, dessen BSE-Test positiv ausgefallen ist. Da die Krankheit sehr selten ist, ist ein großer Anteil falsch positiver Testergebnisse nicht unwahrscheinlich.»

16. Was dich umbringt, bringt mich voran

Was «statistisch signifikant» tatsächlich bedeutet. Welches Denken die wissenschaftliche Karriere fördert.

Man kann alle Leute einige Zeit zum Narren halten
und einige Leute allezeit;
aber alle Leute allezeit zum Narren halten kann man nicht.
Abraham Lincoln

Bettina hat ihr Forschungsjahr in Bordurien beendet und ihre neue Stelle als Oberärztin bei Professor Doktor Pitter Pille angetreten. Nach knapp vier Monaten erfährt sie, dass sie auf einer demnächst anstehenden Tagung einen Vortrag halten soll. «Man muss bei diesen Kongressen ja schon immer Monate vorher angeben, was man vortragen will», erklärt Pitter Pille. «Ich ging damals davon aus, dass unsere Studie zur Behandlung von Bauchspeicheldrüsenkrebs bis zur Tagung abgeschlossen und ausgewertet sein würde. Leider kam alles anders. Statt der geplanten 180 Patienten haben wir leider nur sechs in die Studie aufnehmen können, und auch die Auswertung ist noch nicht so recht vorangeschritten. Und dann bin ich kurzfristig zu einem Übersichtsvortrag nach Kapstadt eingeladen worden ... Sie wissen, so etwas kann man nicht ablehnen, ohne die geschätzten Kollegen zu verärgern. Kurzum, ich biete Ihnen die einmalige Chance, mich bei der Tagung zu vertreten und meinen zugegebenermaßen noch nicht ganz ausgereiften Vortrag zu halten!»

Arme Bettina? Weit gefehlt. So ein Vortrag, möglicherweise mit anschließender Publikation, fördert die Karriere immens. Schließlich will Bettina habilitieren, und dafür braucht man jede

Menge Vorträge und Publikationen. Die Qualität ist egal, Hauptsache viel.

Krebs der Bauchspeicheldrüse hat eine ungemein schlechte Prognose. Nur wenige der Patienten leben noch ein Jahr nach der Diagnose. Pitter Pille hat in seiner Studie das neue Medikament Bringtnixtin getestet, das er ganzen drei Patienten mit deren Einverständnis zusätzlich zur Standardtherapie verabreicht hat. Sie sind mittlerweile zwar verstorben, haben aber immerhin alle jeweils länger als ein Jahr gelebt. Bettina soll diese Patienten nun mit den nächsten drei Patienten vergleichen, die nacheinander mit derselben Diagnose in die Klinik kamen und das zusätzliche Medikament nicht erhielten. Anhand der Akten stellt sie fest, dass diese drei kürzer als ein Jahr gelebt haben. Das sieht doch nach einem vollen Erfolg für Bringtnixtin aus! – Oder könnte es auch einfach nur ein Zufall sein? Auf solche Fragen muss frau auf Tagungen gefasst sein. Ein Statistiker muss her, denkt sie. Aber nicht so einer, der in 20-dimensionalen Räumen schwebt, sondern einer, der das Problem kurz und bündig für mich bearbeitet. Bettinas Cousin Matthias muss dran glauben. Der ist Mathematiker bei einer großen Versicherung.

Matthias sagt zu, und die beiden treffen sich am darauf folgenden Sonnabend. Bei Kaffee und Kuchen entwirft Matthias Tabelle 45. Als Erfolg wertet er, wenn ein Patient nach einem Jahr noch lebte, und als einen Fehlschlag, wenn ein Patient nach einem Jahr bereits gestorben war.

«Du hast sechs Patienten behandelt. Drei mit und drei ohne Bringtnixtin. Als Resultat hast du drei Erfolge und drei Fehlschläge verbucht. Insgesamt gibt es dafür 20 mögliche Ergebniskonstellationen. Die habe ich in der Tabelle aufgelistet. Die erste Möglichkeit in der Liste ist die, die du beobachtet hast (in Tabelle 45 fett gedruckt). Wenn dein Medikament überhaupt nichts bewirkt, dann hätte es genauso gut passieren können, dass die Behandlung bei Patient A und B und X anschlägt, aber bei Patient C und Y und Z versagt. Dieses mögliche Ergebnis steht in der zweiten Zeile der Tabelle. Es folgen alle weiteren denkbaren Konstellationen bis hin zu dem Gegenteil deiner Beobachtung in der letzten Zeile. Wenn das Medikament überhaupt keine Wirkung hat, dann sind alle zwanzig Möglichkeiten gleichermaßen wahrscheinlich. Die Wahrscheinlichkeit, dass dein Ergebnis rein zufällig auftritt, beträgt somit eins aus 20 gleich 0,05 beziehungsweise fünf Prozent. Das wird dich sicherlich freuen, denn nach derzeit international geltenden wissenschaftlichen Spielregeln darfst du dein Ergebnis *statistisch signifikant* nennen.»

«Die Wahrscheinlichkeit, dass mein Ergebnis Zufall ist, beträgt fünf Prozent, und damit ist es signifikant?», fragt Bettina nochmals nach.

Matthias zögert: «Jjjein ... unter der Bedingung, dass das Medikament überhaupt nichts bringt, beträgt die Wahrscheinlichkeit, dass dein Ergebnis Zufall ist, fünf Prozent.»

Das ist alles sehr kraus, signalisiert Bettinas Stirn. «Da beißt sich doch die Katze ... Unter der Bedingung, dass Bringtnixtin nix bringt, ist das Ergebnis signifikant», wiederholt Bettina, «und da das Ergebnis signifikant ist, bringt Bringtnixtin etwas?!»

«Erstens: ja. Zweitens: nicht unbedingt.»

«Mein lieber Matthias, bevor ich wahnsinnig werde, nochmals meine Frage. Bringt Bringtnixtin etwas?»

«Meine liebe Bettina, das ist eine ganz andere Frage! Du hattest nach dem *Ergebnis* gefragt. Das *Ergebnis* ist statistisch signifikant. Aber ob das Medikament was bringt, das ... kann dir kein Mensch sagen.»

«Aber in der Wissenschaft wird doch genau so verfahren! Ein signifikantes Ergebnis ist meist der Freischein für eine Publikation.»

«Ja, ich weiß ...»

	Behandlung mit Bringtnixtin			Behandlung ohne Bringtnixtin		
	Patient A	Patient B	Patient C	Patient X	Patient Y	Patient Z
1.	**Erfolg**	**Erfolg**	**Erfolg**	**Fehlschlag**	**Fehlschlag**	**Fehlschlag**
2.	Erfolg	Erfolg	Fehlschlag	Erfolg	Fehlschlag	Fehlschlag
3.	Erfolg	Erfolg	Fehlschlag	Fehlschlag	Erfolg	Fehlschlag
4.	Erfolg	Erfolg	Fehlschlag	Fehlschlag	Fehlschlag	Erfolg
5.	Erfolg	Fehlschlag	Erfolg	Erfolg	Fehlschlag	Fehlschlag
6.	Erfolg	Fehlschlag	Erfolg	Fehlschlag	Erfolg	Fehlschlag
7.	Erfolg	Fehlschlag	Erfolg	Fehlschlag	Fehlschlag	Erfolg
8.	Erfolg	Fehlschlag	Fehlschlag	Erfolg	Erfolg	Fehlschlag
9.	Erfolg	Fehlschlag	Fehlschlag	Erfolg	Fehlschlag	Erfolg
10.	Erfolg	Fehlschlag	Fehlschlag	Fehlschlag	Erfolg	Erfolg
11.	Fehlschlag	Erfolg	Erfolg	Erfolg	Fehlschlag	Fehlschlag
12.	Fehlschlag	Erfolg	Erfolg	Fehlschlag	Erfolg	Fehlschlag
13.	Fehlschlag	Erfolg	Erfolg	Fehlschlag	Fehlschlag	Erfolg
14.	Fehlschlag	Erfolg	Fehlschlag	Erfolg	Erfolg	Fehlschlag
15.	Fehlschlag	Erfolg	Fehlschlag	Erfolg	Fehlschlag	Erfolg
16.	Fehlschlag	Erfolg	Fehlschlag	Fehlschlag	Erfolg	Erfolg
17.	Fehlschlag	Fehlschlag	Erfolg	Erfolg	Erfolg	Fehlschlag
18.	Fehlschlag	Fehlschlag	Erfolg	Erfolg	Fehlschlag	Erfolg
19.	Fehlschlag	Fehlschlag	Erfolg	Fehlschlag	Erfolg	Erfolg
20.	Fehlschlag	Fehlschlag	Fehlschlag	Erfolg	Erfolg	Erfolg

Tabelle 45: Bettinas Bringtnixtin-Studie. Jede Zeile gibt ein denkbares Ergebnis wieder. Insgesamt gibt es 20 mögliche Ergebnisse mit genau drei Erfolgen. Das von Bettina beobachtete Ergebnis ist fett gedruckt.[1]

---

1 Matthias denkt: «Was ich Bettina hier erläutere, ist ein so genannter einseitiger Test. Den darf man eigentlich nur anwenden, wenn man wissen will, ob das Ergebnis einer Behandlung mit Bringtnixtin besser ist als ohne. Dabei schließt man von vornherein die Möglichkeit aus, dass es mit Bringtnixtin auch schlechter werden kann. Wenn ich jetzt aber mit solchen Feinheiten komme, dann verwirre ich die arme Bettina nur, und die Tabelle für einen zweiseitigen Test würde auch viel zu groß für dieses Buch werden. Mir geht's hier ja nur ums Prinzip. Ich erkläre ihr jetzt auch nicht, dass das im Prinzip der ‹Exakte Test› von R. A. Fischer ist und was der sich dabei gedacht hat.»

«Nochmal gaanz langsam», mahnt Bettina zur Ordnung. «Wenn ich in einer hochkarätigen Fachzeitschrift lese, dass in einer klinischen Studie das Medikament A ein signifikant besseres Ergebnis erzielt hat als Medikament B, dann ... dann ...»

«Genau!»

«... dann heißt das gar nichts???»

«So ist es! A kann, muss aber nicht besser als B sein. Die Art, wie von so genannten statistisch signifikanten Ergebnissen auf die Wirksamkeit von irgendwas geschlossen wird, ist, unter uns gesagt, befremdlich!»

Bahnhof, verstand Bettina und dachte nach.

«Wenn das stimmt, dann ist doch diese ganze Irrtumswahrscheinlichkeitsrechnerei mit p-Werten und allem Drumherum in so genannten wissenschaftlichen Fachzeitschriften nur ein faules Voodoo-Ritual!? Das kann doch nicht sein! Warum machen es dann alle?»

«Vielleicht, weil es bequem ist und die Karriere fördert? – Betrachten wir deine Studie nochmals in aller Ruhe. Du hast etwas beobachtet und willst wissen, ob das Medikament wirklich wirksam ist, oder etwas bescheidener: *Wie wahrscheinlich ist es, dass Bringtnixtin wirkt?*

Niemand kann dir das beantworten, wie wir gerade gesehen haben. Wenn du aber einem Statistiker deine Frage stellst, dann wird er stattdessen eine andere Frage untersuchen: *Wie wahrscheinlich ist das beobachtete Ergebnis, gesetzt den Fall, Bringtnixtin ist völlig unwirksam?*

Nur *das* kann er ausrechnen. Darum tut er es. Und seine Kundschaft ist zufrieden. Sie merkt in der Regel nicht, dass seine Antwort nicht die Antwort auf ihre Frage ist. Dieses Missverständnis hält sich hartnäckig seit 70 Jahren. Der Fehlschluss ist auf den ersten Blick für beide Seiten nützlich, und so ist niemandem daran gelegen, etwas daran zu ändern.»

«Ich hab's trotzdem noch nicht so ganz verstanden. Wieso

kann man meine Frage nicht beantworten … wenigstens so ungefähr?»

«Um dir das Problem verständlich zu machen, werde ich dir von Thomas in Syldavien erzählen. In Kapitel 3 macht er Angelurlaub. Stell dir vor, er sitzt auf dem Steg und angelt. Ein Fisch hat angebissen. Ohne hinzusehen, fragt sich Thomas: *Wie wahrscheinlich ist es, dass ich eine Leckerelle am Haken habe und keine Ekelitze?*

In Abbildung 11 finden wir die Antwort für den Fall, dass Thomas mit einem Regenwurm angelt, der für Leckerellen und Ekelitzen gleichermaßen attraktiv ist. Die Wahrscheinlichkeit, eine Leckerelle am Haken zu haben, ist gegen die Häufigkeit der Leckerellen aufgetragen. Die Antwort auf Thomas' Frage ist beim Angeln mit Wurm eigentlich trivial. Die Wahrscheinlichkeit, eine Leckerelle gefangen zu haben, ist genauso groß wie deren Anteil

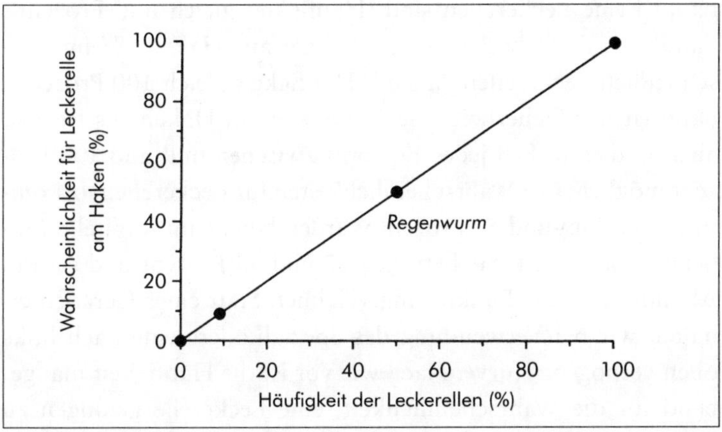

Abbildung 11: Die Wahrscheinlichkeit, eine Leckerelle am Haken zu haben, hängt von der Häufigkeit der Leckerellen im befischten Flussabschnitt ab. Diese Abbildung gilt bei Verwendung eines normalen Regenwurms als Köder, der für Leckerellen und Ekelitzen gleichermaßen attraktiv ist. Die eingezeichneten Punkte stammen aus Tabelle 9 in Kapitel 3.

unter den Fischen im Fluss. Wenn in dem Flussabschnitt überhaupt keine Leckerellen sind (Häufigkeit gleich null Prozent), dann ist mit Sicherheit eine Ekelitze am Haken. Wenn es an dieser Stelle ausschließlich Leckerellen gibt (Häufigkeit gleich 100 Prozent), dann ist mit Sicherheit eine Leckerelle am Haken. Es ist also jedes Ergebnis zwischen null und 100 Prozent möglich. Je größer der Leckerellenanteil im Flussabschnitt ist, umso wahrscheinlicher ist es auch, eine gefangen zu haben. Wenn 50 Prozent der Fische Leckerellen sind und ein Fisch am Haken zieht, wie wahrscheinlich ist es, dass eine Leckerelle angebissen hat?»

«50 Prozent!»

«Richtig! – Gehen wir weiter. Abbildung 12 zeigt die Situation für den Fall, dass Thomas den Spezialköder verwendet, der alle (= 100 Prozent) Leckerellen im Umkreis von einem Meter unwiderstehlich zum Anbeißen verleitet, aber nur fünf Prozent der Ekelitzen. Auch hier gilt: Wenn in dem Flussabschnitt überhaupt keine Leckerellen sind (Häufigkeit gleich null Prozent), dann ist mit Sicherheit eine Ekelitze am Haken. Wenn ausschließlich Leckerellen da sind (Häufigkeit gleich 100 Prozent), dann ist mit Sicherheit eine Leckerelle am Haken. Es ist also auch in diesem Fall jedes Ergebnis zwischen null und 100 Prozent möglich. Die Wahrscheinlichkeiten für Leckerellenvorkommen von zehn und 50 Prozent wurden bereits im Kapitel 3 (Tabelle 9) berechnet. Sie betragen 67 und 95 Prozent und sind in Abbildung 12 als Punkte eingezeichnet. Statt einer Geraden erhalten wir bei Verwendung des Spezialköders eine nach links oben verbogene Kurve. Nach wie vor ist die Häufigkeit maßgebend für die Wahrscheinlichkeit, eine Leckerelle gefangen zu haben. Siehst du die Analogie zu deiner Studie?»

«Wo? Was?»

«Im Allgemeinen werden die Ergebnisse zweier verschiedener Behandlungen schon aufgrund zufälliger Schwankungen unterschiedlich ausfallen», erklärt Matthias. «Mit Hilfe der Statistik kann man berechnen, wie wahrscheinlich ein bestimmtes Ergebnis ist, *unter der Voraussetzung, dass es in Wirklichkeit keinen Unterschied gibt*. Ist das beobachtete Ergebnis unwahrscheinlich, dann nimmt man an, dass es eben doch einen Unterschied gibt. In der wissenschaftlichen Literatur wird ein Ergebnis genau dann als *statistisch signifikant* bezeichnet, wenn die Wahrscheinlichkeit dafür höchstens fünf Prozent beträgt. Dies wird mit dem Ausdruck $p \leq 0,05$ (dem so genannten p-Wert) angegeben.»

«Warum denn ausgerechnet fünf Prozent?», fragt Bettina.

«Dieses Fünf-Prozent-Niveau ist eine willkürlich festgelegte Konvention, die allgemein und international in der Wissenschaft akzeptiert wird. Nehmen wir deine Pankreaskarzinom-Studie. Wenn dein Medikament in Wirklichkeit unwirksam ist, dann beträgt die Wahrscheinlichkeit deines Ergebnisses fünf Prozent, und du darfst es *statistisch signifikant* nennen. Und was glaubst

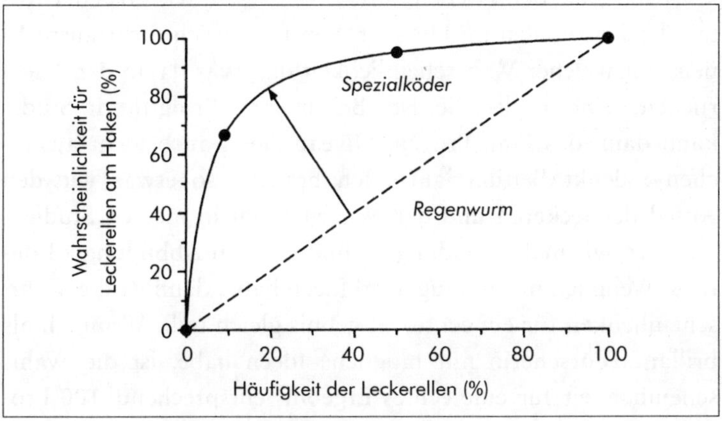

Abbildung 12: Die Wahrscheinlichkeit, eine Leckerelle am Haken zu haben, hängt von der Häufigkeit der Leckerellen im befischten Flussabschnitt ab. Diese Abbildung gilt bei Verwendung des Spezialköders, der alle Leckerellen, aber nur fünf Prozent der Ekelitzen zum Anbeißen verleitet. Die eingezeichneten Punkte stammen aus Tabelle 9 in Kapitel 3.

du nun, liebe Bettina, wie wahrscheinlich es mit deinem Ergebnis ist, dass dein Medikament doch etwas bewirkt?»

«Es ist mit sehr großer Wahrscheinlichkeit nicht das, was ich denke», mauert Bettina, «sonst würdest du nicht so fragen. Außerdem, was hat nun mein Bringtnixtin mit Thomas' Fischen zu tun?»

«Die Fünf-Prozent-Konvention der Statistik – bedenke, der p-Wert wird für den Fall berechnet, *dass es in Wirklichkeit keinen Unterschied gibt* – bedeutet, dass fünf Prozent der zufälligen Ergebnisse für bare Münze genommen werden. Das sind die Ergebnisse, die man nicht haben will. Und Thomas' Spezialköder, was macht der? Er sorgt dafür, dass man fünf Prozent der Ekelitzen am Haken hat, die man auch nicht haben will. Jetzt nochmals meine Frage von vorhin: Mit der Studie hast du etwas an deiner Fünf-Prozent-Forschungsangel. Wie wahrscheinlich ist es, dass es ein echtes Ergebnis ist?»

«Also ... bei den Fischen muss man wissen, wie groß der Anteil der Leckerellen im Fluss ist. Sonst kann ich nicht ausrechnen, mit welcher Wahrscheinlichkeit das, was da an der Angel ruckelt, eine Leckerelle ist. Bei meiner Bringtnixtin-Studie kann dann das Fünf-Prozent-Niveau allein auch nicht ausreichen», denkt Bettina laut. «Ich brauche so etwas wie den Anteil der leckeren und der ekligen Ideen in meinen Studien. Nehmen wir mal Abbildung 12 und machen Abbildung 13 daraus. Wenn ich nur untaugliche[2] Ideen habe, dann ist die Wahrscheinlichkeit für ein echtes[3] Ergebnis gleich null. Wenn ich als brillante Forscherin nur taugliche Ideen habe, ist die Wahrscheinlichkeit für eine echtes Ergebnis entsprechend 100 Pro-

---

2 «Untauglich» in dem Sinne, dass das, was getestet wird, nicht besser ist als der Standard.

3 «Echt» in dem Sinne, dass das, was getestet wird, in der Studie besser abschneidet und auch in Wirklichkeit besser ist als der Standard.

zent.[4] Und es spricht nichts dagegen, dass die Wahrscheinlichkeit für echte Ergebnisse der Forscherinnen aus dem Ideen-Mittelfeld mit einer Wahrscheinlichkeit guter Ideen zwischen null und 100 Prozent so verläuft wie bei Thomas' Leckerellen. Stimmt's?»

«Stimmt genau!»

«Und wie kann ich jetzt meine Gute-Ideen-Wahrscheinlichkeit bestimmen?», hakt Bettina nach.

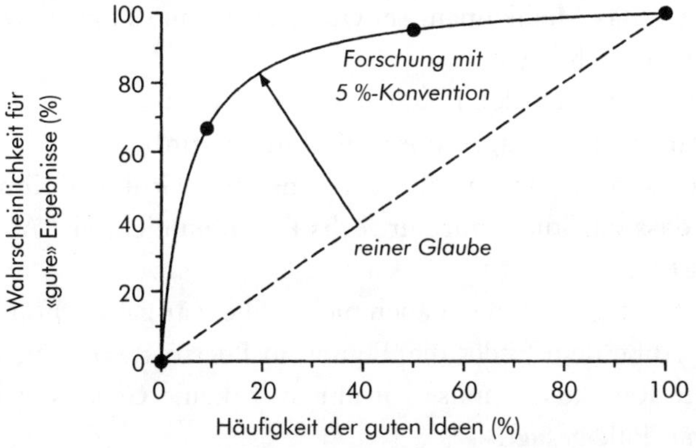

Abbildung 13: Die Wahrscheinlichkeit «guter» Ergebnisse hängt von der Wahrscheinlichkeit für gute Ideen ab. Diese Abbildung gilt bei einem Signifikanzniveau von 0,05 (fünf Prozent).[5]

4 Forscherinnen und Forscher mit nur tauglichen beziehungsweise nur untauglichen Ideen sind natürlich unbezahlbar. Man müsste sie nur fragen, wie etwas ist beziehungsweise nicht ist, und jegliche Forschung wäre überflüssig. Es gibt sie nur in Märchen und Mythen, zum Beispiel als Sphinx, oder in der Einbildung einiger so genannter fachlicher Autoritäten.

5 Matthias denkt: «Na ja, und außerdem unterstellen wir noch eine statistische Power von 100 Prozent, was es in der Praxis bekanntlich gar nicht gibt. Aber das mit der Power erkläre ich ihr lieber später mal.»

«Weiß ich nicht. Ich glaube, niemand weiß das», antwortet Matthias.

«Lieber Matthias, auch auf die Gefahr hin, dich durch Wiederholungen zu nerven: Wie groß ist die Wahrscheinlichkeit, dass Bringtnixtin tatsächlich wirkt?»

«Dazu kann die Statistik nichts sagen, jedenfalls nicht ohne deine Gute-Ideen-Wahrscheinlichkeit.»

«Was kannst du als Statistiker aus den Zahlen meiner Studie ausrechnen?»

«Die Statistik sagt uns nur, wie wahrscheinlich es ist, dass wir vermuten, das Medikament sei wirksam, wenn es das in Wirklichkeit gar nicht ist.»

«Was mache ich denn jetzt mit meinem Vortrag? Ich kann doch gar nichts aussagen über das Bringtnixtin!»

«Nein, kannst du nicht. Aus den genannten Gründen. Kommt hinzu, dass die Studie mit nur sechs Patienten nicht viel Aussagekraft hat.»

«Aber absagen kann ich auch nicht. Pille wär ganz schön verärgert. Außerdem findet die Tagung in Puerto Rico statt, und über die Reisekosten muss ich mir auch keine Gedanken machen, hat Pille gesagt.»

«Ja, ja, erdrückende Sachzwänge nötigten die junge Forscherin ...», frotzelt Matthias.

«Ach, hör doch auf! Wenn alle diesen Signifikanz-Voodoo mitmachen, dann mache ich mich doch nicht zur Märtyrerin und verzichte auf den Vortrag. Das würde mir niemand danken. Ganz im Gegenteil, es würde mir eher die Karriere knicken. Und außerdem stellt sich dann ein paar Monate später jemand anderes hin und heimst die Lorbeeren ein», verteidigt sich Bettina. «Wenn ich sage: ‹Das Ergebnis ist statistisch signifikant›, dann ist das ja nicht falsch. Das hast du selber gesagt.»

«Das wäre nicht falsch. Aber ich fände es nicht korrekt. – Wer bezahlt so eine Kongressreise eigentlich?»

«Pille hat da so ’ne Kasse. Da zahlt er selber was ein, aber auch einige Firmen, mit denen die Klinik zu tun hat.»

«Lass mich raten! Der Bringtnixtin-Hersteller zahlt da auch ein, oder?»

«Ja klar. Das ist doch völlig normal. Die Firmen müssen ihre Produkte irgendwie klinisch testen, und bei dieser Arbeit unterstützen uns die Firmen dann ...»

«... so sehr, dass wir sogar windige Ergebnisse verkaufen. Denk doch mal an die später auf der Grundlage derartiger ‹Ergebnisse› mit nutzlosen Medikamenten behandelten Patienten, die vielleicht sogar noch ernste Nebenwirkungen haben!»

«Jetzt mach dich doch nicht zum Moralapostel und mich zur Erfinderin dieses Forschungszirkus. Erstens machen das alle so, jedenfalls die, die vorankommen, und zweitens werden die meisten das Ergebnis nicht sehr ernst nehmen, weil nur so wenige Patienten in der Studie sind. Das hast du auch gerade selber gesagt! Und der p-Wert von fünf Prozent ist nur willkürlich. Auch das hab ich gerade von dir gelernt. Wer diese Spielregeln kennt, wird nicht darauf hereinfallen.»

«Du kannst dich nicht darauf verlassen, dass es wirklich niemand ernst nimmt – und außerdem: Was soll so ein Vortrag, was soll die ganze Arbeit, die weite teure Reise, ganz abgesehen von den Patienten ... wenn keiner deinen Vortrag ernst nehmen soll?»

«Ach, Matthias, du bist und bleibst ein Sozialromantiker. Die meisten Ergebnisse der medizinischen Forschung gehören wegen unzulänglicher Methodik sowieso in den Papierkorb.[6]

Zugegeben – was du mir gerade erklärt hast, setzt dem Ganzen die Krone auf, aber ... ach, fass dir doch an die eigene Nase!

---

6 D. G. Altman, The scandal of poor medical research, *British Medical Journal* 308, 1994, S. 283 f.

Schmeißt du deinen Job als Statistiker, weil die Statistik nicht das hergibt, was du dir als Klein-Matthias am Anfang deines Studiums vorgestellt hast?»

«Also, ich persönlich habe nur mit Kfz-Versicherungen zu tun und nicht mit klinischen Studien und Patienten ...», wehrt Matthias ab.

«... und ich persönlich habe nur ein paar Daten verwurstet, aber keine Patienten!», äfft Bettina Matthias' Tonfall nach. «Die Mediziner stellen eine Frage, von der sie nicht wissen, dass sie nicht beantwortbar ist, und ihr Statistiker beantwortet hinterlistig eine ganz andere. Wer schummelt denn da? Der Fragende oder der, der antwortet? Und gehst du los mit deinem Wissen und missionierst deine Statistikerkollegen in der medizinischen Forschung?»

«Das kann man doch gar nicht verglei...»

«Aber ich soll auf eine einmalige Gelegenheit verzichten und womöglich noch meine Karriere gefährden? Ist ein bisschen viel verlangt!»

«Vielleicht sollten die Mediziner ihre Forschung so organisieren, dass ihre Fragen beantwortbar sind!?»

«Sehr schlau! Heißt das, man soll nur die Fragen stellen, auf die man schon eine Antwort hat? Die Methode wäre nicht neu.»

«So hab ich das nicht gemeint. Vielleicht lässt sich medizinische Forschung auch ohne Signifikanztests betreiben. Ich glaube, es lohnt sich, darüber mal nachzudenken.»

«Das ist ein sehr ehrenwertes Vorhaben. Hört sich aber so an, als würde das etwas länger dauern. Ich bereite mich jetzt auf die Tagung vor, und dann können wir ja weitersehen. – Lieber Matthias, ich habe eine Menge gelernt. Vielen Dank.»

«Ganz meinerseits. Ich fürchte, ich habe heute viel mehr gelernt. Tschüs und gute Reise.»

17. Forschung unter (Fünf-Prozent-)Niveau

Irrtumswahrscheinlichkeit bei positiven Studienergebnissen

Verstehen heißt, sich eine Frage zu stellen,
die durch das, was man versteht,
genau beantwortet wird.
André Gide

Dieses Kapitel ist nicht schwierig. Vor allem, wenn Sie im dritten Kapitel den Haken bei Thomas' Erlebnisangeln erkannt haben, wird es Ihnen leicht fallen. Wir haben nur ein paar Bezeichnungen ausgetauscht. Trotzdem ist dies ein schwer wiegendes Kapitel; schwer wie ein Stein im Magen. Der wiegt umso schwerer, je mehr Sie mit Forschung und statistischen Signifikanzbetrachtungen zu tun haben oder gar darauf angewiesen sind, weil Sie davon leben. Nebenwirkungen wie Depressionen und Schwindel während und nach der Lektüre können nicht ausgeschlossen werden. Die gute Nachricht lautet: Je bedrohlicher dieses Kapitel für Sie ist, desto wahrscheinlicher haben Sie es morgen schon wieder vergessen. Auch wir, die Autoren, bringen es immerhin auf fünf Mannjahre[1] erfolgreicher Verdrängung dieses Themas. Trotzdem: Weiterlesen auf eigene Gefahr.

1 HP ist beim erstmaligen Lesen eines Artikels, in dem das Problem dargestellt wird (Cohen 1994), fest eingeschlafen. Später ging der Artikel in seiner Schreibtischschublade verloren und tauchte erst nach einem Dreivierteljahr beim Aufräumen wieder auf. HP erinnerte sich, dass etwas sehr Wichtiges darin stand, las den Artikel und schlief sofort wieder ein (in beiden Fällen nicht an seinem Arbeitsplatz, sondern zu Hause!). Der Artikel verschwand erneut, kam wieder zum Vorschein, wurde

Endlich darf Thomas nach Hause. Nach der Rückreise von Syldavien und der Aufklärung der Familie über die Eigenschaften von Tests freut sich Thomas auf eine Dose Syldator Bräu und sein eigenes Bett. Die Waschmaschine hat ihre Arbeit erledigt, nur das Aufhängen bleibt an Thomas hängen.

Kaum im Bett, fällt er zunächst in Tiefschlaf, bis wilde Träume ihn quälen. Er sitzt in einem syldavischen Fischrestaurant und hat gerade bei der, um es möglichst sachlich zu sagen, ziemlich attraktiven Kellnerin die Leckerelle nach Art des Hauses bestellt. Dieselbe reizende Dame ist zudem so einfühlsam, ihm schon gleich eine Flasche Vino Sylde an den Tisch zu bringen, den einzigen Wein, der selbst den Geschmack einer Leckerelle noch etwas mehr in Richtung Himmel zu heben vermag. Thomas nimmt einen genießerischen Schluck, und der ist derart sauer, dass Thomas' Gebiss fast augenblicklich frei von Zahnstein ist. Wenig später auch frei von Zähnen. Ein ebenso zahnloser steinalter Mann serviert den Fisch. Ergiebig hustend lüftet der den Deckel und präsentiert Ekelitze in Dieselöl an Spinat. «Möchten Sie ein Gläschen Aceton dazu?», fragt er mit rasselnder Lunge. Thomas verneint und zieht es vor, schweißgebadet und mit Herzklopfen aufzuwachen. Es ist zwei Uhr nachts.

«Schon wieder so eine Krise, bei der man nachts um zwei schweißgebadet und mit Herzklopfen aufwacht und nicht weiß,

---

erinnert, gelesen und begann wieder seine einschläfernde Wirkung zu entfalten – mit dem Unterschied, dass der Vorgang HP nun bewusst wurde und er gleich am nächsten Tag einen Vortrag zu diesem Thema im Institutsseminar anmeldete, um weitere Verdrängung auszuschließen. HH hatte ebenfalls eine Kopie des Artikels mit nach Hause genommen, dort gelesen und war dann eingeschlafen. Auch hier verschwand der Artikel offenbar eigenmächtig und wurde erst zwei Jahre später hinter einer Kommode wieder entdeckt. Wir haben es auch danach noch mehrmals geschafft, das Problem unter den Teppich zu kehren. In unserem Buch «Der Hund, der Eier legt» hatten sich Fehler eingeschlichen, die mit unserer Verdrängungskunst zusammenhängen.

wo es kriselt, falls es überhaupt kriselt und es nicht einfach die Hormone sind», denkt Thomas entnervt und dreht sich um.

Der Arme wagt es tatsächlich, wieder einzuschlafen und weiterzuträumen.

Thomas findet sich im späten fünfzehnten Jahrhundert als Arzt in der spanischen Hafenstadt Cádiz wieder. Im September 1493 betritt ein Herr Columbus Thomas' Praxis und bittet um ärztliche Beratung. Er will wissen, ob er denn in ausreichend guter Verfassung für eine lange Reise sei und wie es insbesondere mit einer HIV-Infektion bei ihm stehe. Thomas testet, was die Gebührenordnung für Ärzte hergibt, und findet lediglich einen leicht erhöhten Cholesterinwert. «Lieber Herr Columbus, so gesund, wie Sie sind, könnten Sie um die Welt segeln, wenn Sie rund wäre», stellt Thomas fest. «Vielleicht sollten Sie mit Eiern etwas zurückhaltend sein ...»

«Und wie ist es mit der HIV-Infektion?»

«Wenn Sie infiziert sind, fresse ich einen Besen.»

Christopher war froh, stach am nächsten Tag in See und brachte Aids in die Karibik. Thomas' Diagnose war falsch. Falsch negativ.

Einige Jahrzehnte später betreibt Thomas seine Praxis in Florenz. Ein Herr Galilei bittet Thomas um eine ärztliche Untersuchung, die er auch bekommt.

«Lieber Herr Galilei, leider muss ich Ihnen mitteilen, dass Sie HIV-infiziert sind und ... aber ... also ... dass die Medizin heutzutage nicht oder kaum oder so in der Lage ...»

«Vielen Dank, Dottore Tomasio, für die ehrliche Diagnose. Was zu tun ist, weiß ich nun selbst», sprach Galilei, verließ die Praxis, verließ die Wissenschaft und verkaufte sein Hab und Gut. Vom Erlös erwarb er ein schönes Segelschiff, die «Jupiter», und stach mit seiner illustren Doppelkopfrunde Io (Ruder), Ganymed (Kombüse und Vorschot) und Callisto (Navigation) in See. Man kann sich denken, dass Galileo eine sagenhaft gute

Zeit hatte, zumal er bei Landgang auch noch Europa erkundete. Er lebte vergnügt ohne Fallversuche am Tag, ohne sich die Nächte am Teleskop um die Ohren zu schlagen, ohne jeglichen Ärger mit Papst, Inquisition, Aids oder Ähnlichem und entdeckte zwanzig Jahre später gesunde Saturnringe um seine Hüften. Thomas' Diagnose war falsch. Falsch positiv. Schön für Galilei und schön für die Erde, die auf diese Weise noch für Jahrhunderte im Zentrum des Universums verblieb.

Thomas wacht auf. Schweißgebadet. Herzklopfen. Es ist fünf nach drei. Thomas wiederholt seinen Gedanken von zwei Uhr, ändert aber korrekterweise die Uhrzeit.

Armer Thomas. Er schläft wieder ein und hat noch immer nicht genug geträumt.

Thomas sitzt in einer Sänfte. Seine Ehrung als einer der größten unter den Wissenschaftlern steht unmittelbar bevor: der Nabel-Preis. Vor 20 Jahren hatte Thomas in einer klinischen Studie mit 23 Patienten nachgewiesen, dass erhöhte Werte von Kohlästherohl im Blut insbesondere bei sehr alten Menschen zu zeitigem Ableben führen. Weitere seiner Arbeiten haben gezeigt, dass diesem Umstand durch regelmäßigen Verzehr von Spinat und Vitamin C wirksam begegnet werden kann. Der Rest dieses medizinischen Durchbruchs ist Legende. Man kann es wirklich nicht anders bezeichnen.

Damit alle Huldigungswilligen Gelegenheit zum Huldigen haben, findet die Ehrenzeremonie auf dem größten Platz der Welt statt, dem Tian'anmen-Platz in Peking. 40 Hektar jubelnder Massen, die sich bis in die Nebenstraßen drängen. Von der großen Halle des Volkes schreitet die Prozession, mit Thomas ganz vorn in der Sänfte, am Denkmal der Volkshelden vorbei und kommt schließlich in der Mitte des Platzes feierlich zum Stehen. Von hier aus war bis vor kurzem in nördlicher Richtung das Tor des Himmlischen Friedens zu sehen. Jetzt verstellt eine verhüllte Statue den Blick und zieht ihn gleichermaßen auf sich.

Thomas erschaudert. «Das ist zu viel», denkt er, «das halt ich nicht aus, aber überzeugend dagegen wehren werde ich mich auch nicht.»

Es folgt eine Ansprache. Thomas versteht kein Wort und stutzt etwas, als die Leute auf dem Platz ungemein fröhlich darauf reagieren. Am Ende der Ansprache wird die Statue enthüllt. Thomas würde vor Rührung sterben, wenn er nicht vorher schon vor Scham gestorben wäre. Die Statue entpuppt sich als eine gigantische Ente aus Eierschaum mit Thomas' Kopf obendrauf. Auf dem ebenso gigantischen Sockel steht geschrieben:

THOMAS,
DER TOR DES IRDISCHEN UNSINNS:
AUF SAND GEBAUT,
DEM P-WERT VERTRAUT.

«Das ist zu viel», denkt Thomas, «das halt ich nicht aus!», und versinkt im Boden des Tian'anmen-Platzes, immer tiefer, immer tiefer, bis er unter seinem Bett herauskommt. Thomas wacht auf. Schweißgebadet, paniert mit Wollmäusen. Herzklopfen. Es ist zehn nach vier. Thomas spart sich seinen Gedanken von zwei Uhr und den von fünf nach drei und setzt auch keine neue Zeit ein.

«Mir schwant», schwant Thomas, «diese syldavischen Fische, die diagnostischen Tests und klinische Studien haben etwas gemeinsam. Ich gelobe, mich am heutigen Sonntag der Sache anzunehmen, und ich bitte, wer auch immer dafür zuständig ist, zuvor um weitere vier Stunden Schlaf, einen verregneten Tag und keine Anrufe, höchstens ein paar.»

Und wie Thomas es wünscht, so geschieht es.

Nach dem Frühstück verlegt Thomas sich aufs Nachdenken. «Mit einem diagnostischen Test untersuche ich Personen, die entweder krank oder gesund sind. Dabei kann ich zwei Dinge richtig machen:

einen Kranken als krank erkennen
und einen Gesunden als gesund.

Da kein Test perfekt ist, können mir wie im Traum mit Columbus und Galilei zwei Fehler unterlaufen:

einen Kranken als gesund ansehen
und einen Gesunden als krank.

In einer Studie untersuche ich zwei Therapien. Ich bezeichne sie mal mit A und B. Beide Therapien können in Wirklichkeit voneinander verschieden sein, oder sie sind es nicht. Folgendes kann ich richtig machen:

A und B sind verschieden, und ich halte sie für verschieden,
und A und B sind nicht verschieden,
und ich halte sie auch nicht
für verschieden.

Ebenso kann ich zweierlei falsch machen:

A und B sind verschieden,
aber ich halte sie für nicht verschieden,
und A und B sind nicht verschieden,
aber ich halte sie für
verschieden.

Das sieht beides beunruhigend ähnlich aus.»

Um nicht völlig im Dunkeln zu tappen und um die richtigen Begriffe zu verwenden, schlägt Thomas noch einmal in seinem

Statistikbuch nach. Für den Fehler der Sorte «A und B sind verschieden, aber ich halte sie für nicht verschieden» bietet es den phantasievollen Namen «Fehler zweiter Art». Für die Wahrscheinlichkeit, diesen Fehler *nicht* zu begehen, gibt es den Begriff *power*[2]. Je größer der Unterschied zwischen den in einer Studie untersuchten Behandlungen A und B, desto größer ist die *power.* «Das leuchtet auch ohne Mathematik ein», denkt Thomas, «Kleinigkeiten übersieht man eher mal, und über die großen Dinge stolpert man ganz von allein.» Die *power* wird auch größer, je mehr Patienten in einer Studie sind. Auch das erscheint Thomas verständlich: «Wenn ich vier Patienten in einer Behandlungsgruppe habe, dann macht ein einziger bereits 25 Prozent dieser Gruppe aus. Wenn sich A und B tatsächlich nur um zehn Prozent unterscheiden, dann ist meine Studie ein reines Glücksspiel.»[3]

Der Fehler nach dem Muster «A und B sind nicht verschieden, aber ich halte sie für verschieden» wird in Thomas' Buch «Fehler erster Art» genannt. Die Wahrscheinlichkeit, diesen Fehler zu begehen, wird durch den p-Wert beschrieben. «Ja klar», leuchtet es Thomas ein, «nehmen wir mal an, A und B sind eigentlich identische Medikamente mit einer Heilungsrate von 50 Prozent. In einer Studie bekommen zehn Patienten A und zehn bekommen B. Es wäre nicht erstaunlich, wenn dann am Ende vier (= 40 Prozent) mit A und sechs (= 60 Prozent) mit B geheilt sind. Ich könnte dann zu der falschen Annahme kommen, dass B wirksamer ist als A. Mit Hilfe der Statistik rechne ich mir aber schlauerweise aus, wie wahrscheinlich so ein irreführender Zufallstreffer ist, wenn A und B gleich sind. Ist diese

---

2 Zu Deutsch: Macht. Auch in der deutschen Statistikliteratur wird eher der Begriff power verwendet.

3 Vergleiche hierzu das Kapitel «Im Nebel nach Überseh» in unserem Buch «Der Hund, der Eier legt».

Wahrscheinlichkeit groß, dann ist das Studienergebnis nicht gerade überzeugend. Ist sie klein, dann neige ich schon eher zu der Schlussfolgerung, dass B wirksamer ist als A.» Thomas liest weiter und erfährt, dass es offenbar festgelegt ist, wann man geneigt sein darf, ein Ergebnis für bare Münze zu nehmen: wenn der p-Wert kleiner als 0,05 oder fünf Prozent ist. Diese fünf Prozent werden in Thomas' Buch Signifikanzniveau beziehungsweise Irrtumswahrscheinlichkeit genannt. Thomas stutzt und versieht die «Irrtumswahrscheinlichkeit» mit einem großen roten Fragezeichen. «Das wäre nicht die erste Falschmeldung in einem Lehrbuch», denkt Thomas und fragt sich: «In Kapitel 3 kann ich nicht die Wahrscheinlichkeit ausrechnen, eine Leckerelle oder Ekelitze am Haken zu haben, solange ich die Anteile der Fischarten im Fluss nicht kenne. In diesem Lehrbuch kann man nun angeblich die Wahrscheinlichkeit ausrechnen, einen Irrtum geangelt zu haben, ohne … ohne … ohne was? – Ich glaube, das ist ein ganz dicker Fisch, und es lohnt sich, das mal systematisch zu durchdenken.»

Thomas sucht die Unterlagen einer Studie heraus, die er demnächst auf einem Kongress vorstellen will. In ihr wird die Wirksamkeit einer neuen Therapie mit der einer Standardbehandlung verglichen. In Abbildung 14 ist die Überlebensrate der Patienten gegen die Zeit aufgetragen. Die untere Kurve gibt den Verlauf der Standardbehandlung, die obere Kurve den der neuen Therapie wieder. Beide Treppenkurven beginnen bei 100 Prozent, denn zu Beginn der Behandlung leben natürlich noch alle. Im Laufe der Zeit sterben nach und nach immer wieder Patienten, daher sinken die Kurven mit der Zeit in Stufen ab. Die Überlebensrate bleibt konstant, solange niemand stirbt (waagrechte Linie der Treppe), und sinkt schlagartig mit jedem Sterbefall (senkrechte Linie). Wenn zum Beispiel zu Beginn 20 Patienten in einem Therapiearm sind und einer stirbt, dann fällt die Kurve um 1/20 = 0,05 oder fünf Prozent auf 95 Prozent ab.

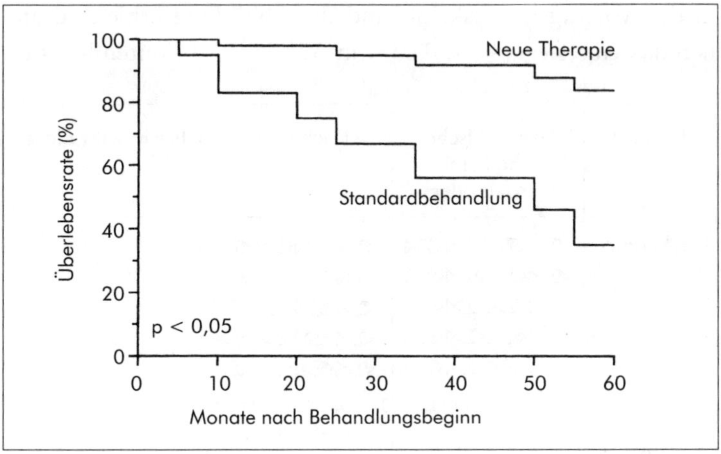

Abbildung 14: Ergebnisse einer klinischen Studie. Eine neue Therapie wird mit der Standardbehandlung verglichen. Das Gütesiegel «$p < 0,05$» wurde später vom Statistiker hinzugefügt.

Die Überlebensrate nach der neuen Therapie liegt durchweg über derjenigen der Standardbehandlung.

Thomas vermutete nun zwar, dass die neue Therapie besser ist als die Standardbehandlung, aber das Ergebnis hätte ja auch reiner Zufall sein können. Um sicherzugehen, fragte er damals den Statistiker der Klinik.

«Hallo, Data, ich hab hier so'n Sack voll Zahlen und diese Abbildung. Wenn ich annehme, dass meine neue Behandlung tatsächlich die bessere ist – wie wahrscheinlich ist es, dass ich mich mit dieser Annahme irre?»

«Moin, Thomas, gib her, den Sack, ich seh's mir an ... aber bitte, bitte, das nächste Mal die Daten auf Diskette.»

Nach Durchführung üblicher, aber für den größten Teil der Menschheit undurchsichtiger Berechnungen erhielt Thomas die Antwort: «*Die neue Therapie ist signifikant besser als die Standardbehandlung ($p < 0,05$).*» Diesen Satz übernahm er wörtlich in das Vortragsmanuskript, und die Abbildung erhielt zusätzlich das Gütesiegel «*p* < *0,05*» (in Abbildung 14 unten links).

Fischart	Anzahl Fische nahe beim Spezialköder	Fisch beißt	Fisch beißt nicht
Leckerellen	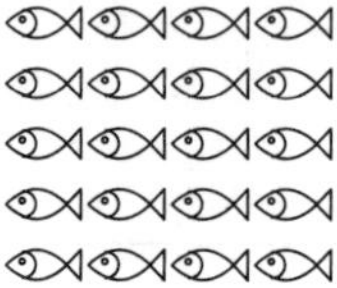 20 Leckerellen	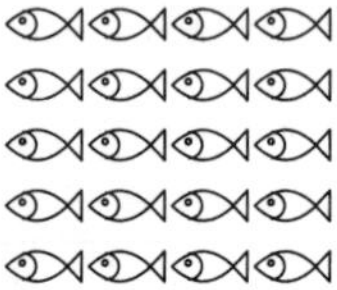 100 % von 20 sind 20 Leckerellen	
Ekelitzen	 20 Ekelitzen	 5 % von 20 ist eine Ekelitze	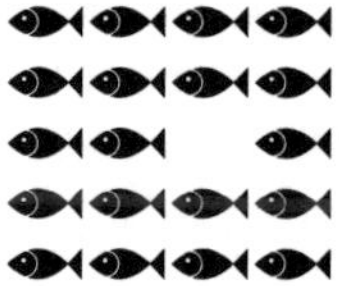 95 % von 20 sind 19 Ekelitzen
		Leckerellenwahrscheinlichkeit: 20/21 = 95 %	

Tabelle 46: Bestimmung der Wahrscheinlichkeit, dass eine Ekelitze oder eine Leckerelle angebissen hat. Es wurde im Stillen vorausgesetzt, dass sich gleich viele Leckerellen und Ekelitzen dem Angelhaken auf einen Meter nähern. Diese Tabelle entspricht der Tabelle 7.

Natürlich freute sich Thomas über diese Information, denn er glaubte (und das hätten die meisten anderen Ärzte auch getan): «*Wenn ich nun annehme, dass die neue Therapie besser als die Standardbehandlung ist, dann beträgt meine Irrtumswahrscheinlichkeit fünf Prozent.*»

Davon ist Thomas jetzt nicht mehr so zweifelsfrei überzeugt und kramt eine seiner Leckerellen-Tabellen hervor.

In Kapitel 3 hatte Thomas erfahren, dass ihm der tollste Köder nichts nützt, wenn keine Leckerelle da ist, und dass er die Wahrscheinlichkeit, eine Leckerelle gefangen zu haben, nur berechnen kann, wenn er deren Häufigkeit kennt (vergleiche Tabelle 46).

	Anzahl der untersuchten Personen	Anzahl positiver Testergebnisse	Anzahl negativer Testergebnisse
Patient ist krank	200	100	100
Patient ist gesund	99 800	2994	96 806
Summe	100 000	3094	96 906
Wahrscheinlichkeit bei positivem Testergebnis, tatsächlich krank zu sein:		100/3094 = 3,2 %	

Tabelle 47: Übersicht zur Bestimmung der Wahrscheinlichkeit, dass ein 75 bis 79 Jahre alter Mann mit einem positiven Testergebnis tatsächlich an Mastdarmkrebs erkrankt ist. Wahrscheinlichkeit der Erkrankung: 0,2 Prozent. Diese Tabelle entspricht der Tabelle 41.

Daran gibt es nichts zu rütteln. Ganz ähnlich verlief die Aufklärung seines Vaters in Kapitel 15. Ohne zu wissen, wie häufig die Erkrankung überhaupt auftritt, ließ sich nicht bestimmen, mit welcher Wahrscheinlichkeit Thomas' Vater tatsächlich krank ist, wenn sein Testergebnis positiv war (vergleiche Tabelle 47).

«In meiner Studie habe ich ebenfalls ein ‹positives Testergebnis›, nämlich dass meine neue Therapie besser ist als die alte, aber mit meiner Studie kann ich doch prinzipiell dieselben Fehler begehen wie mit einem Krebstest?!» Er macht sich die Tabelle 48.

	Die Studie zeigt, dass die neue Therapie besser ist	Die Studie zeigt *nicht*, dass die neue Therapie besser ist
Die neue Therapie ist in Wirklichkeit besser	Richtig positives Ergebnis	Falsch negatives Ergebnis *(Fehler zweiter Art)*
Die neue Therapie ist in Wirklichkeit *nicht* besser	Falsch positives Ergebnis *(Fehler erster Art)*	Richtig negatives Ergebnis

Tabelle 48: Mögliche Ergebnisse einer klinischen Studie, in der eine neue Therapie mit einer Standardbehandlung verglichen wurde

«Nehmen wir den Fall an», überlegt Thomas, «die neue Behandlung sei in Wirklichkeit besser (mittlere Zelle in der Tabelle 48). Es ist prinzipiell nicht sichergestellt, dass ihre Überlegenheit in der klinischen Studie auch tatsächlich gezeigt wird. Denkbar, dass die neue Therapie gerade in dieser Studie aufgrund statistischer Schwankungen unterdurchschnittlich ausfällt und die Standardbehandlung zufällig besonders gut. Es gibt daher also wieder zwei Möglichkeiten für das Studienergebnis: Die Studie zeigt, dass die neue Behandlung besser ist, oder sie zeigt es zufällig und fälschlicherweise nicht. Wenn bei der Studie herauskommt, dass die neue Behandlung besser ist *(richtig positives Ergebnis* in Tabelle 48), dann wurde eine echte Erkenntnis gewonnen, und die Medizin hat einen Fortschritt erzielt. Wenn aus der Studie jedoch nicht hervorgeht, dass die neue Behandlung besser ist, dann hat die Medizin eine Chance verpasst *(falsch negatives Ergebnis)*, und es wurde ein *Fehler zweiter Art* begangen.»

Thomas trinkt einen Schluck Kaffee, bevor er weiter überlegt: «Nehmen wir jetzt den Fall an, dass die neue Therapie in Wirklichkeit *nicht* besser ist als die Standardbehandlung (untere Zeile in der Tabelle 48). Auch hier gibt es wieder zwei Möglichkeiten für das Ergebnis der Studie: Sie zeigt richtigerweise nicht, dass die neue Behandlung besser ist *(richtig negatives Ergebnis)*, oder aber die neue Behandlung ist aufgrund statistischer Schwankungen gerade in dieser Studie überdurchschnittlich und die Standardbehandlung schlecht ausgefallen, sodass im Endresultat die neue Therapie deutlich überlegen erscheint. Wenn die Studie nicht zeigt, dass die neue Behandlung besser ist, dann ist das zwar richtig, für die Forscher aber frustrierend, weil viele ein negatives Ergebnis nicht als Fortschritt, sondern als einen Fehlschlag ansehen. Kommt bei der Studie jedoch fälschlicherweise heraus, dass die neue Behandlung besser ist *(falsch positives Ergebnis* oder *Fehler erster Art)*, dann freuen sich die Forscher über ihr positives Ergebnis, von dem sie ja nicht wissen (wollen), dass es falsch ist.

Meine eigene Studie hat ein positives Ergebnis. Die neue Behandlung führte schließlich zu einer höheren Überlebensrate als die Standardtherapie, und das Ganze ist Data zufolge auch ‹statistisch signifikant›», denkt Thomas und stellt fest, dass er keine Vorstellung mehr davon hat, was «statistisch signifikant» eigentlich bedeutet. «Wenn ich wissen will, wie wahrscheinlich es ist, dass mein positives Ergebnis auch wirklich richtig ist, dann reicht meine Tabelle 48 doch gar nicht aus ... es fehlt so etwas wie die Häufigkeit ... die Wahrscheinlichkeit dafür, dass ich überhaupt eine bessere Therapie ausprobiere!? Die Wahrscheinlichkeit dafür, dass ich mit meiner Studie eine gute Idee hatte. Ich brauche so etwas wie Tabelle 47!»

Ohne sich selbst so richtig verstanden zu haben, macht sich Thomas an die nächste Tabelle, die er stur nach demselben Schema anlegt wie die vom Krebstest.

«Ich nehme mal ganz bescheiden und willkürlich an, dass zehn Prozent meiner Ideen gut sind. Also sind 90 Prozent schlecht. Damit habe ich schon mal die zweite Spalte der Tabelle.»

Seinem Statistikbuch entnimmt Thomas folgende Definition: «Die *power* ist die Wahrscheinlichkeit, dass ein tatsächlich vorhandener Unterschied zwischen zwei Therapien in einer Studie bemerkt wird.»

«Aha, damit ist die zweite Zeile auch schon fast fertig», folgert Thomas. «In zehn Prozent der Studien ist ja wirklich die neue Behandlung besser und somit ein echter Unterschied vorhanden. Wenn ich meiner Studie nun 80 Prozent *power* unterstelle – auch wieder ganz willkürlich, denn irgendwo muss man ja mal anfangen –, dann habe ich $0{,}1 \times 0{,}80 = 0{,}08 =$ acht Prozent richtig positive und $0{,}1 \times 0{,}20 = 0{,}02 =$ zwei Prozent falsch negative Ergebnisse. – Auf zur dritten Zeile. Was sagt mein Statistikbuch noch mal über den p-Wert?» – «Der p-Wert ist die Wahrscheinlichkeit, dass die Studie zufällig ein positives Ergebnis zeigt, obwohl die untersuchten Behandlungen sich in Wirklichkeit nicht unterscheiden. Wenn diese Wahrscheinlichkeit kleiner als fünf Prozent ist, nennt man das Ergebnis statistisch signifikant», sagt das Statistikbuch.

«Danke», sagt Thomas, «das ist alles, was ich für die dritte Zeile benötige. Data hielt mein Ergebnis für signifikant und verlieh ihm das Prädikat $p < 0{,}05$ (fünf Prozent). Von 90 Prozent meiner Studien, in denen in Wirklichkeit nichts zu gewinnen ist, zeigen $0{,}9 \times 0{,}05 = 0{,}045 = 4{,}5$ Prozent ein falsch positives Ergebnis. Der Rest, $0{,}9 \times 0{,}95 = 0{,}855 = 85{,}5$ Prozent, fällt richtig negativ aus. – Und nun zu dem, was mich tatsächlich interessiert: Wenn meine Studie ein positives Ergebnis gezeigt hat, dann beträgt die Wahrscheinlichkeit, dass die neue Therapie wirklich besser ist,

$8\,\% / (8\,\% + 4{,}5\,\%) = 8\,\% / 12{,}5\,\% = 0{,}64 = 64$ Prozent.

Die Wahrscheinlichkeit, dass dies ein falscher Zufallsbefund ist, beträgt $4{,}5\,\% / 12{,}5\,\% = 0{,}36 = 36$ Prozent. Das ist *meine* Irrtumswahrscheinlichkeit. Und das ist eindeutig nicht dasselbe wie das in die Rechnung hineingesteckte Signifikanzniveau von fünf Prozent. – Data hatte damals meine Frage gar nicht beantwortet. Ich frage ihn, ob die Gartenparty wegen Regen ausfällt, er antwortet, dass es wegen der Gartenparty wohl nicht regnen wird, und ich bin mit der Antwort auch noch zufrieden.»

Thomas ist sauer auf Data und dessen Zunft, und er ist ratlos

	Anteil der Studien	Anteil positiver Studienergebnisse	Anteil negativer Studienergebnisse
Die neue Behandlung ist wirklich besser (gute Idee gehabt)	10 %	10 % × 0,80 = 8 %	10 % × 0,20 = 2 %
Die neue Behandlung ist wirklich nicht besser (schlechte Idee gehabt)	90 %	90 % × 0,05 = 4,5 %	90 % × 0,95 = 85,5 %
Summe:	100 %	12,5 %	87,5 %
Wahrscheinlichkeit, dass bei positivem Studienergebnis die neue Behandlung tatsächlich besser ist:		8/12,5 = 64 %	

Tabelle 49: Denkbare Ergebnisse einer klinischen Studie[4]. Annahmen: Signifikanzniveau fünf Prozent; *power* 80 Prozent; und Wahrscheinlichkeit guter Ideen zehn Prozent, das heißt, zehn Prozent der Studien basieren auf einer guten Idee und testen eine neue Therapie, die tatsächlich besser ist als die Standardbehandlung.

4 Aus Gründen der Vereinfachung enthält diese Tabelle einen kleinen Schönheitsfehler, der nicht von grundsätzlicher Bedeutung ist und auf den wir in Tabelle 51 eingehen werden.

hinsichtlich seines Auftritts beim nächsten Kongress. «Meine neue Behandlung ist besser als die alte ... da bin ich mir zu 64 Prozent sicher!», hört er sich reden und hört auch gleich die passende Zwischenbemerkung: «... und hättest du einfach eine Münze geworfen, dann könntest du zu 50 Prozent sicher sein. Lohnt sich für die 14 Prozent mehr Sicherheit der Aufwand einer klinischen Studie?»

Thomas denkt an sein Desaster in Peking, spielt mit dem Gedanken, statt Forschung in Zukunft eine Pommesbude zu betreiben, zieht es dann aber doch vor, seine Gedanken weiter zu sortieren (siehe auch Tabelle 50).

«Um abschätzen zu können, wie zuverlässig mein Ergebnis ist, benötige ich unbedingt alle drei Größen: p-Wert und *power* und die Wahrscheinlichkeit für gute Ideen», fasst Thomas seine Überlegungen zusammen, «aber alle Welt redet fast nur vom p-Wert, ganz wenige von der *power* und so gut wie niemand von der Wahrscheinlichkeit für gute Ideen. Kein Wunder, das irreführende Etikett ‹Irrtumswahrscheinlichkeit› suggeriert, dass man mit dem p-Wert bereits Bescheid weiß. – Das muss ich jetzt einem verständigen Menschen erzählen ... Matthias, der ist Mathematiker ... mitschuldig sozusagen. Den ruf ich an.»

«Ja?!»

«Hallo, Matthias, ich bin's.»

«Schön, von dir zu hören. Wer bist du?»

«Der mit dem Skalpell. Hast du Zeit und möglichst auch Lust, dir ein paar tief schürfende Gedanken und Beschwerden eines Chirurgen zur Irrtumswahrscheinlichkeit anzuhören?»

«Gute Güte, ich hab das große Los gezogen. Hat Bettina dich aufgehetzt?»

«Mein liebes Cousinchen und Irrtumswahrscheinlichkeit? Die irrt sich nie, und sie weiß immer, was sie will.»

«Und sie weiß, wo oben ist.»

«Allerdings. Und ist dir klar, Matthias, dass in Statistiklehrbüchern irreführende Bezeichnungen verwendet werden, die die gesamte medizinische Forschung zu einem Tollhaus machen?»

«Tja, du meinst sicherlich die Sache mit dem p-Wert, der nun ganz bestimmt nicht *die* Irrtumswahrscheinlichkeit ist, die den Anwender von Forschungsergebnissen interessiert. Zu welchen Verirrungen das in der medizinischen Forschung, und vielleicht auch anderswo, geführt hat, beginne ich erst seit einem Gespräch mit Bettina zu ahnen. Bettina hat es gut verstanden – und auch verstanden, den Statistikern die Misere in die Schuhe zu schieben …»

«Natürlich zu Unrecht, willst du mir jetzt weismachen, nicht wahr?»

«Nach Bettinas Attacke hab ich mich sehr mit dem Thema beschäftigt. Die Väter des Hypothesentests, Jerzy Neyman und Egon Pearson, haben frühzeitig, aber leider nicht sehr wirksam, versucht vorzubeugen. Im Jahre 1933 schrieben sie, ich zitiere: *No test based upon a theory of probability can by itself provide any valuable evidence of the truth or falsehood of a hypothesis.*»[5]

«Woher stammt das?»

«Aus den Philosophical Transactions of the Royal Society of London A im Jahre 1933. Band 231, Seiten 289 bis 337.»

«Ironie des Schicksals. Die Anhänger der Evidence Based Medicine bauen und vertrauen in erster Linie auf Statistik im festen Glauben, das sei der Stein der Weisen.»

«Wohl eher ein Scheiß zum Weinen», bewertet Matthias die Lage. «Man sollte Forschung lieber so betreiben, dass man kei-

5 Frei übersetzt: Kein Test, der auf einer Wahrscheinlichkeitstheorie beruht, kann von sich aus nützliche Belege für die Richtigkeit oder Unrichtigkeit einer Hypothese liefern.

ne Hypothesentests benötigt. Überleg doch mal. Kleine Kinder eignen sich innerhalb von wenigen Jahren die ganze Welt an. Sie wissen, wie dieses und jenes funktioniert, und können viele Risiken einschätzen. Ohne Statistik, ohne überhaupt zu rechnen!»

«Kinder in die Forschung?», fragt Thomas ungläubig.

«Thomas Grönemeier? – Ich will sagen, dass es ganz offenbar auch oder gerade ohne Statistik sehr gut und effizient vorangehen kann.»

«Und wie?»

«Ich arbeite dran, weiß aber noch nicht so recht. Gib mir etwas Zeit. Was hältst du davon, wenn wir im vierten Teil dieses Buches versuchen, die statistikfreie Forschung zu konzipieren?»

«Hört sich spannend an. Ich bin dabei. Aber was mach ich solange mit meinem Vortrag?»

«Tipp von Bettina: gar nicht lange nachdenken. Hindert nur, und die anderen machen's genauso. Außerdem: Die Statistik ist das Beste, was wir derzeit auf dem Gebiet haben!»

«Wenn ich mal viel Zeit hab, lach ich drüber. Tschüs, bis Teil vier.»

Thomas muss seine Gedanken sortieren. In Tabelle 50 hat er die Eigenheiten von Angeln, Diagnostik und klinischen Studien aufgelistet und einander gegenübergestellt. Was kann man von alldem messen? Beim Angeln in Syldavien kann man mit einem neutralen Köder angeln, eine größere Anzahl Fische fangen und damit die Häufigkeit der Leckerellen schätzen. Wie häufig bestimmte Krankheiten sind, kann aus Patientendaten ermittelt werden. Aber wie findet man heraus, mit welcher Wahrscheinlichkeit eine Einzelperson oder eine Forschergruppe etwas tatsächlich Besseres untersucht? Auf wie viele gute Ideen kommen wie viele schlechte? Uns, den Autoren, ist kein Verfahren bekannt, dies zu ermitteln, und es steht zu befürchten, dass auch andere keines kennen. In der medizinischen Forschung wird,

	Angeln in Syldavien	Diagnostischer Test	Klinische Studie
Anfangswahrscheinlichkeit	Häufigkeit der Leckerellen	Häufigkeit der Krankheit	Wahrscheinlichkeit, dass etwas tatsächlich Besseres untersucht wird
Falsch positives Ergebnis	Eine Ekelitze beißt an.	Ein Gesunder wird für krank gehalten.	Fehler erster Art. Es wird ein Unterschied festgestellt, wo keiner ist (Signifikanzniveau: Wahrscheinlichkeit, diesen Fehler zu begehen).
Falsch negatives Ergebnis	Gibt es hier nicht, denn alle Leckerellen beißen (*power* = 100 Prozent).	Ein Kranker wird für gesund gehalten.	Fehler zweiter Art. Es wird kein Unterschied festgestellt, wo einer ist (*power:* Wahrscheinlichkeit, diesen Fehler nicht zu begehen).
Überprüfung eines positiven Ergebnisses	Fisch aus dem Wasser ziehen.	Test wiederholen und/oder weitere Untersuchungen.	Studie wiederholen!!?? Das wird einem niemand finanzieren, die Ergebnisse wird niemand drucken wollen, und es gibt ethische Einwände.
Mögliche Konsequenzen eines falsch positiven Ergebnisses	Trockenes Brot statt Fisch. Ekelitze muss entsorgt werden. Eventuell Verlust eines Köders.	Patient muss weitere Untersuchungen erdulden, die eventuell mit Nebenwirkungen verbunden sind.	Eine erprobte Therapie wird durch eine weniger erfolgreiche ersetzt. Nachteile für Leben und Gesundheit einiger bis sehr vieler Patienten.

Tabelle 50: Thomas' Überlegungen im Überblick

soweit wir es überblicken, über dieses Problem nicht einmal nachgedacht.

Um sein positives Ergebnis zu überprüfen, muss der Angler in Syldavien nur den Fisch aus dem Wasser ziehen, und schon weiß er, was er gefangen hat. In der Diagnostik wird man den positiven Test vernünftigerweise wiederholen, durch andere Tests und Untersuchungen ergänzen und so das Ergebnis überprüfen. In der medizinischen Forschung sollte dieselbe Vernunft gelten: Eine Studie muss wiederholt werden. Diese Forderung erfährt jedoch viel Gegenwind.

- Es gibt ethische Bedenken: Man kann nicht in einer zweiten Studie die einen Patienten mit A und die anderen mit B behandeln, wenn bereits einmal gezeigt wurde, dass A besser ist. Stellen Sie sich vor, Ihr Ergebnis bestätigt die erste Studie. Dann haben Sie allen B-Patienten die bestmögliche Therapie vorenthalten.
- Die Forschungsförderung sagt: Das wurde doch schon einmal untersucht. Für Doppelforschung geben wir kein Geld aus.
- Die Zeitschriftenherausgeber sagen: Das soll ich publizieren? Was ist daran neu? Das hatten wir doch schon mal.
- Die eigene Eitelkeit sagt: Die Studien anderer nachkochen? Ich habe selber genug gute Ideen. Selbst wenn meine Studie der vorhergehenden widersprechen sollte, kriege ich doch nur zu hören, dass ich wohl etwas falsch gemacht habe.

Also überprüft der medizinische Forscher im Allgemeinen nicht, was er am Haken hat. Er geht davon aus, dass es eine Leckerelle ist, wenn er Ergebnisse wie in Abbildung 14 und das entsprechende Okay ($p \leq 0{,}05$) von seinem Statistiker bekommt. Und damit ist der Weg frei, seine Patienten in Zukunft nur noch mit dem «erwiesenermaßen besseren» Verfahren zu behandeln.

Auf die Frage nach der Irrtumswahrscheinlichkeit, die, wie wir jetzt wissen, nicht beantwortet werden kann, wird der p-Wert genannt, den der Mediziner (und nicht nur der) dann für die Irrtumswahrscheinlichkeit hält. Schließlich wird der p-Wert in Lehrbüchern irreführenderweise auch so bezeichnet. Durch dieses Missverständnis wird dem p-Wert in der internationalen Literatur eine enorme Bedeutung beigemessen. Tatsächlich ist er für sich allein wertlos.

	Anteil der Studien	Anteil positiver Studienergebnisse	Anteil negativer Studienergebnisse
Die neue Behandlung ist wirklich besser (gute Idee gehabt)	10 %	10 % × 0,80 = 8 %	10 % × 0,20 = 2 %
Die neue Behandlung ist wirklich nicht besser (schlechte Idee gehabt)	90 %	90 % × 0,025 = 2,25 %	90 % × 0,975 = 87,75 %
Summe:	100 %	10,25 %	89,75 %
Wahrscheinlichkeit, dass bei positivem Studienergebnis die neue Behandlung tatsächlich besser ist:		8/10,25 = 0,78 oder 78 %	

Tabelle 51: Denkbare Ergebnisse einer klinischen Studie unter Berücksichtigung der Tatsache, dass nur jedes zweite zufällig signifikante Ergebnis zu einem falsch positiven Ergebnis führt. Annahmen: Signifikanzniveau fünf Prozent; *power* 80 Prozent; Wahrscheinlichkeit guter Ideen zehn Prozent.

In der Tabelle 49 steckt noch ein kleiner Denkfehler, der zu einer leichten Übertreibung des Problems führt. Es wurde angenommen, dass bei allen Studien, die ein zufällig signifikantes Ergebnis erbringen, die neue Therapie *besser* abschneidet. In der Hälfte der Fälle wird die neue Therapie aber zufällig signifikant *schlechter* abschneiden, und dann wird man natürlich nicht auf die Idee kommen, die neue Therapie sei besser. Korrekterweise müsste Tabelle 49 also aussehen wie Tabelle 51.

Insgesamt lautet in 10,25 Prozent der Fälle das Studienergebnis: «Die neue Therapie ist besser.» Aber nur in acht Prozent der Fälle trifft dies auch tatsächlich zu. Die Irrtumswahrscheinlichkeit beträgt 2,25/10,25 = 22 Prozent. Das ist zwar weniger als die vorher berechneten 36 Prozent, doch wird dadurch das Problem keineswegs beseitigt.

In Tabelle 52 überlegt Thomas, wie groß die Wahrscheinlichkeit der guten Ideen sein muss, damit unter normalen Bedingungen (Signifikanzniveau fünf Prozent; *power* 80 Prozent) die echte Irrtumswahrscheinlichkeit ungefähr so groß ist wie die vermeintliche, die durch das Signifikanzniveau vorgegaukelt

	Anteil der Studien	Anteil positiver Studienergebnisse	Anteil negativer Studienergebnisse
Die neue Behandlung ist wirklich besser (gute Idee gehabt)	40 %	40 % × 0,80 = 32 %	40 % × 0,20 = 8 %
Die neue Behandlung ist wirklich nicht besser (schlechte Idee gehabt)	60 %	60 % × 0,025 = 1,5 %	60 % × 0,975 = 58,5 %
Summe:	100 %	33,5 %	66,5 %
Wahrscheinlichkeit, dass bei positivem Studienergebnis die neue Behandlung tatsächlich besser ist:		32/33,5 = 0,955 oder 95,5 %	

Tabelle 52: Denkbare Ergebnisse einer klinischen Studie unter Berücksichtigung der Tatsache, dass nur jedes zweite zufällig signifikante Ergebnis zu einem falsch positiven Ergebnis führt. Annahmen: Signifikanzniveau fünf Prozent; *power* 80 Prozent; Wahrscheinlichkeit guter Ideen 40 Prozent.

wird. Begnadete Forscher, die mit 40 Prozent Wahrscheinlichkeit das Richtige anpacken, können diese Anforderung erfüllen.

Wenn diese 40-Prozent-Quote realistisch ist, dann stehen uns gute Zeiten bevor. Jeder einzelne derart hellseherisch begabte Forscher hat eine Irrtumswahrscheinlichkeit (= Wahrscheinlichkeit für eine schlechte Idee) von 60 Prozent. Die Wahrscheinlichkeit, dass sich sechs derartige Forscher gleichzeitig irren, beträgt

$$0,6 \times 0,6 \times 0,6 \times 0,6 \times 0,6 \times 0,6 = 0,046 = 4,6 \text{ Prozent}$$

und damit weniger als fünf Prozent. Wenn sich alle sechs einig sind, dass Medikament A in einer Studie besser abschneiden würde als B, dann ist das Ergebnis bereits signifikant, bevor die Studie durchgeführt wurde.

«Die heilige Kuh ist mausetot», staunt Thomas, «egal, wie man es wendet. Wenn die Experten so gut sind, wie sie glauben, dann sind Studien und Statistik völlig überflüssig. Man muss nur sechs Koryphäen zusammentrommeln und diese sechsköpfige Sphinx befragen. – Sind die Experten nicht so gut und ihre Wahrscheinlichkeiten für gute Ideen obendrein nicht genau bestimmbar, dann sind Studien und Statistik ebenfalls überflüssig, da die Irrtumswahrscheinlichkeit sehr hoch und nicht messbar ist. Mit dieser Erkenntnis lassen sich enorme Forschungsgelder einsparen. Die Autoren, die mich erfunden haben, wären wohl mehr als saniert, wenn unser Forschungsminister sich erkenntlich zeigen würde, indem er sie mit einem Promille an den eingesparten Geldern beteiligte.»

In den meisten wissenschaftlichen Untersuchungen wird nicht nur *ein* Endpunkt[6] untersucht, sondern gleich zwei oder mehr.

---

6 Endpunkte sind messbare Größen, mit denen die Wirkung einer Behandlung quantifiziert werden kann, zum Beispiel die Überlebenszeit der Patienten, die Heilungsrate, die Häufigkeit von Nebenwirkungen, die Dauer der Beschwerdefreiheit usw.

Wider besseres Wissen ist es nicht üblich, dann den Fehler erster Art entsprechend anzupassen.[7] Häufig werden auch ungeplante Interimsanalysen veröffentlicht, oder es ist im Protokoll der Studie «praktischerweise» gar nicht erst vermerkt, zu welchem Zeitpunkt welcher Endpunkt mit welcher Methode ausgewertet werden soll (Furberg und Furberg 1994). Auf diese Weise erhöht sich die Wahrscheinlichkeit für den Fehler erster Art enorm. Der Fehler zweiter Art wird im Allgemeinen nur in wenigen Spitzenzeitschriften wirklich berücksichtigt. Bei den meisten Studien in unserem Fachgebiet liegt die *power* deutlich unter 50 Prozent. Durch diese und andere in der internationalen Forschung durchaus üblichen Unternehmungen und Unterlassungen in der Studienplanung und -durchführung wird die echte (!) Irrtumswahrscheinlichkeit weiter erhöht. Tabelle 53 zeigt ein schon realistischeres Zahlenbeispiel.

Insgesamt lautet in 11,3 Prozent der Fälle das Studienergebnis: «Die neue Therapie ist besser.» Aber nur in fünf Prozent der Fälle ist dies auch tatsächlich der Fall. Der positive prädiktive Wert[8] ist somit 5/11,3 = 0,44 oder 44 Prozent. Die Irrtumswahrscheinlichkeit beträgt 6,3/11,3 = 0,56 oder 56 Prozent. In 56 Prozent der Fälle ist also eine «wissenschaftlich nachgewiesen bessere Therapie» überhaupt nicht besser, vielfach sogar schlechter. Dies ist eine medizinische Katastrophe, deren Auswirkungen sich weder abschätzen noch in Zahlen fassen lassen.

Die Wahrscheinlichkeit der guten Ideen für neue Therapien, die tatsächlich besser sind, ist nicht bekannt. Deshalb, so wird

---

7 Vergleiche hierzu das Kapitel «Ergebnisse wie Sand am Meer» in unserem Buch «Der Hund, der Eier legt».

8 Positiver prädiktiver Wert: Anteil der Studien, bei denen die neue Therapie tatsächlich besser ist, unter allen positiv ausgefallenen Studien.

		Ergebnis der Studie	
Realität	Anteil der Studien	Neue Therapie besser	Neue Therapie nicht besser
Neue Therapie besser	10 %	10 % × 0,5 = 5 %	5,0 %
Neue Therapie nicht besser	90 %	90 % × 0,14 × 1/2 = 6,3 %	83,7 %
Summe	100 %	11,3 %	88,7 %
Irrtumswahrscheinlichkeit:		6,3/11,3 = 56 %	

Tabelle 53: Denkbare Ergebnisse einer klinischen Studie. Annahmen: Wegen des Tests dreier Endpunkte liegt das tatsächliche Signifikanzniveau bei 14 Prozent[9]; *power* 50 Prozent; Wahrscheinlichkeit guter Ideen zehn Prozent.

argumentiert, kann diese Problematik bei der Bewertung wissenschaftlicher Ergebnisse nicht berücksichtigt werden. In der Wissenschaft ist die anfängliche gefühlte Wahrscheinlichkeit subjektiv und von persönlichen Vorurteilen geprägt, genauso wie bei der Beurteilung des Beschusses der chinesischen Botschaft. Diese Subjektivität möchte man aus den exakten Wissenschaften heraushalten. Die gegenwärtig praktizierte «Lösung» besteht darin, das Problem zu ignorieren und die statistische Signifikanz in Form des p-Wertes anzubeten.

Und da das Problem offiziell gar nicht existiert, denkt auch niemand über Lösungswege nach. Eine bemerkenswerte Aus-

9 Die Wahrscheinlichkeit, den Fehler erster Art bei drei Signifikanztests alle dreimal nicht zu begehen, beträgt 0,95 x 0,95 x 0,95 = 0,86 = 86 Prozent. Die Wahrscheinlichkeit, mindestens einmal auf den Fehler erster Art hereinzufallen, beträgt 100 – 86 = 14 Prozent.

Abbildung 15: Hanz und Frans auf dem Weg zur Blume der Erkenntnis

nahme ist ein kürzlich im *British Medical Journal* erschienener Artikel von Sterne und Smith (2001). Als Ausweg aus der Misere schlagen die Autoren dort vor, klinische Studien nur noch mit hoher *power*, etwa 90 Prozent, und einem Signifikanzniveau von 0,1 Prozent durchzuführen. Solche Studien haben bei posi-

Abbildung 16: Die Irrtumswahrscheinlichkeit klinischer Studien lässt sich nicht berechnen. – Diskussion des Problems in der medizinischen Forschung.

tivem Ergebnis selbst dann einen vernünftigen positiven prädiktiven Wert, wenn die Wahrscheinlichkeit für gute Ideen sehr gering ist. Allerdings werden dafür doppelt so viele Patienten benötigt als in herkömmlichen Studien. Dieser Mehraufwand würde durch zuverlässige Ergebnisse belohnt werden. Es gäbe ferner weniger falsch positive Ergebnisse und somit weniger sinnlose und verwirrende Publikationen. Dieser konstruktive Vorschlag stellt jedoch lediglich einen pragmatischen Weg, aber keine prinzipielle Lösung des Problems dar. Wir haben mit vielen Kollegen darüber gesprochen. Alle, die es überhaupt zur Kenntnis nehmen, waren einhellig der Meinung, dass es prinzipiell unlösbar sei. Wenn man aber einen bestimmten Weg (den mit den p-Werten) nicht gehen kann, dann muss man eben einen anderen suchen. Es ist wohl kaum sinnvoll, die Nichtbegehbarkeit einfach zu ignorieren, nur weil man im Augenblick einen anderen Weg noch nicht sieht.

Dietrich Dörner schreibt in seinem Buch «Die Logik des Misslingens»: «Wenn man schwer lösbare Probleme einfach fallen lässt oder sie durch ‹Delegation› scheinbar löst; wenn man sich allzu bereitwillig durch neue Informationen von dem gerade behandelten Problem ablenken lässt; wenn man die Probleme löst, die man lösen *kann*, statt diejenigen, die man lösen *soll*; wenn man die Reflexion eigenen Verhaltens und damit die Konfrontation mit der eigenen Unzulänglichkeit scheut, so liegt es nahe, den gemeinsamen Nenner für all diese Verhaltens- und Denkformen in der Tendenz zu suchen, der eigenen Ohnmacht und Hilflosigkeit in einer schwierigen Situation nicht ansichtig zu werden, sich in Bestimmtheit und Sicherheit zu flüchten.»

18. Bayesianische Paarberatung

Eine Ursache für unterschiedliche Meinungen in der Wissenschaft – selbst bei Einigkeit über die vorliegenden Fakten

Normal ist,
dass man sich missversteht.
Ein Eheberater

Professor Doktor Pitter Pille ist internistischer Onkologe an einer großen Universitätsklinik. Zufrieden lehnt er sich in seinem ledernen Chefsessel zurück und freut sich über einen Fachartikel, den er gerade gelesen hat. Er enthält die Ergebnisse einer kürzlich abgeschlossenen großen randomisierten Studie zur Behandlung des Mammakarzinoms, die methodisch einwandfrei im Rahmen einer Kooperation zahlreicher amerikanischer Spitzenkliniken durchgeführt wurde. Die Initiatoren der Studie kommen klar und unmissverständlich zu dem Schluss, dass die Behandlungsergebnisse deutlich besser sind, wenn man nach der chirurgischen Entfernung der Geschwulst eine Chemotherapie anstelle der bisher üblichen Strahlentherapie durchführt. Professor Pille reibt sich seine zarten Hände und strahlt, obwohl er das Wort hasst, denn er ist für die Chemotherapie zuständig. Das Ergebnis dieser brandaktuellen Studie hatte Pille schon seit Jahren vorausgeahnt und auch schon immer vertreten. Er lässt den Artikel kopieren, um ihn bei der nächsten Gelegenheit seinem Kollegen Professor Doktor Raymond Radiolewski von der Strahlentherapie unter die Nase zu reiben. Bislang hat dieser die Patientinnen nach der Operation behandelt. «Das wird sich jetzt endlich ändern», denkt Pille. «An diesem Artikel kann er nun wirklich nicht mehr vorbei. Ich fresse meine vergoldeten Golfschläger, wenn nicht ich in Zukunft diese Patientinnen bekomme.»

«Grüß dich, Ray-Man, ich hab dir was kopiert, was dich endlich zur Vernunft bringen wird. Sei mir nicht böse, aber der medizinische Fortschritt geht weiter, und da müssen wir alle mithalten», triumphiert Pille.

«Grüß dich, Pille, ich kenn den Artikel. Damit kannst du mich nicht erschrecken», winkt Radiolewski müde lächelnd ab.

«Das ist eine absolut wasserdichte Studie. Was willst du mehr? So etwas findet man selten in der medizinischen Forschung.»

«Ja, viel zu selten», meint Radiolewski, «aber ich sehe wirklich keinen Grund, mir eine Kopie des Artikels einzurahmen. Die Ergebnisse der Studie sprechen zwar für eine Chemotherapie anstelle der Strahlentherapie. Das stimmt schon ...»

«Meine Hochachtung, Ray, du bist ein guter Verlierer. Dann können und müssen wir das Behandlungskonzept des Mammakarzinoms in unserer Klinik wohl umgehend ändern.»

«Langsam, langsam, Pille», widerspricht Radiolewski. «Wie kannst du so leichtgläubig sein? Wir sollten erst mal abwarten, ob die Ergebnisse durch weitere Studien bestätigt werden.»

«Also hör mal, die Ergebnisse sind statistisch signifikant und obendrein im hoch angesehenen *New England Journal of Medicine* erschienen.»

«Wegen einer einzigen Studie können wir doch nicht gleich ein bewährtes Konzept so mir nichts, dir nichts aufgeben», erwidert Radiolewski. «Ich würde gern noch weiter darüber diskutieren, aber leider hab ich jetzt keine Zeit mehr. Du weißt, meine neue Segelyacht wird heute geliefert, und da möchte ich doch dabei sein.»

Pille ist ziemlich verärgert. Wie kann ein aufgeklärter Mensch so starrsinnig sein? Die Studie zeigt doch eindeutig und statistisch signifikant, dass bei diesen Patientinnen eine Chemotherapie viel bessere Resultate erzielt. «Aber was soll man schon erwarten von jemandem, der freiwillig aufs Wasser geht, obwohl es an Land jede Menge Golfplätze gibt», grummelt er.

Bettina hat den ganzen Vorfall mitbekommen. Als Oberärztin bei Pille ist ihr die Untersuchung natürlich bekannt, und sie wäre nur allzu gern an einer so beeindruckenden Studie beteiligt gewesen. Das hätte ordentlich Punkte eingebracht. «Einer von beiden kann ja nur Recht haben, oder? Ich frag mal Matthias, der kann zu allem etwas Senf hinzugeben. Vielleicht ist ja etwas Brauchbares für mich dabei.»

«Wer Recht hat, kann ich dir auch nicht sagen», erklärt Matthias seiner enttäuschten Cousine, nachdem sie ihm von der Begegnung der Chefs erzählt hat, «aber mir scheint, dass sich beide sehr vernünftig verhalten.»

«Du sprichst in Rätseln. Einer von beiden hat doch Unrecht, wenn wir mal den Fall ausschließen, dass beide Behandlungen exakt gleich gut sind. Wie können dann beide gleichzeitig vernünftig sein?»

«Als Internist hat Professor Pille viele gute Erfahrungen mit Chemotherapie gesammelt. Er ist mit dem Arbeitsgebiet vertraut ... er vertraut dem, was er und seine internistischen Kollegen machen», fängt Matthias an zu erklären.

«... und die in der Studie eingesetzte Chemotherapie entspricht genau seinen Vorstellungen. Mit zwei der Autoren der Studie ist er sogar befreundet. Dauernd erwähnt er seine amerikanischen Freunde.»

«Was meinst du, wie groß war für Pille die Wahrscheinlichkeit, dass Chemo besser abschneidet – und zwar bevor er von dem Studienergebnis erfuhr?»

«Was die Leute anpacken, das hat Hand und Fuß», imitiert Bettina ihren Chef und fährt etwas ernster fort: «Er hat mal gesagt, wenn die eine Studie auflegen, dann besteht eine 50-prozentige Wahrscheinlichkeit, dass die neue Therapie der alten überlegen ist.»

«Jeder zweite Schuss ein Treffer?», wundert sich Matthias. «Ganz schön optimistisch. Wenn das die annähernd normale Trefferquote in der medizinischen Forschung ist, dann fragt man sich doch, warum es noch ungelöste Probleme gibt ... ach, wozu das Kommentieren, es ist Pilles subjektive Einschätzung. Mit der werden wir jetzt eine Tabelle aufstellen. Das Signifikanzniveau lag doch sicher bei den üblichen fünf Prozent?»

«Ja, natürlich. Sag doch nochmal, was das bedeutet.»

«Das bedeutet, dass fünf Prozent der Studienergebnisse auch dann signifikant ausfallen, wenn sich die beiden verglichenen Therapien überhaupt nicht unterscheiden.»

«Aha! Also sieht die neue Therapie in fünf Prozent der Fälle auch dann signifikant besser aus, wenn sie es in Wirklichkeit nicht ist.»

«Mmm – na ja, fast. Aber nicht ganz. Wenn das Ergebnis signifikant ist, obwohl es keinen Unterschied gibt, dann müssen wir zwei Fälle unterscheiden: Entweder die neue Therapie ist scheinbar signifikant *besser*, oder sie ist scheinbar signifikant *schlechter*. Beides ist gleich wahrscheinlich und tritt in 2,5 Prozent der Fälle auf. Wenn die neue Behandlung scheinbar signifikant schlechter ist, dann führt dies zu keinem bedeutenden Irrtum, da man die neue Therapie in diesem Falle ja wohl kaum einführen würde. Nur wenn die neue Therapie scheinbar signifikant besser ist, hat dies negative Konsequenzen.»

«Danke, jetzt hab ich es wieder.»

«Und, wie war die *power* der Studie?»

«Die *power* der Studie betrug 90 Prozent ... stand da irgendwo ... aber sag doch bitte nochmal, was das bedeutet.»

«Das bedeutet, dass sich in 90 Prozent der Fälle, in denen man

Realität	Pilles Erwartung	Ergebnis der Studie: Neue Therapie besser	Ergebnis der Studie: Neue Therapie nicht besser
Neue Therapie besser	50 %	50 % × 0,9 = 45%	50 % × 0,1 = 5 %
Neue Therapie nicht besser	50 %	50 % × 0,025 1,25 %	50 × 0,975 48,75 %
Summe	100 %	46,25 %	53,75 %
Irrtumswahrscheinlichkeit:		1,25/46,25 = 0,027 oder 2,7 %	

Tabelle 54: Der internistische Onkologe Professor Pitter Pille beurteilt eine positive Studie. Annahmen: Signifikanzniveau fünf Prozent; *power* 90 Prozent; die Wahrscheinlichkeit für eine gute Idee beträgt nach Pilles subjektiver Einschätzung 50 Prozent.

eine gute Idee hatte und die neue Therapie wirklich besser ist, dies auch im Studienergebnis niederschlägt.»

«Aha. Oder anders herum: In zehn Prozent der Fälle, bei denen man eigentlich eine bessere Therapie ausprobiert, kommt das bei der Studie nicht heraus.»

«Genau. – So, jetzt zu Professor Pilles individueller Tabelle 54. In 50 Prozent der Fälle ist die neue Therapie nach Pilles Auffassung tatsächlich besser. In 90 Prozent der Fälle wird dies auch mit der Studie festgestellt, das heißt in 50 % × 0,90 = 45 Prozent der Fälle. In den restlichen 50 % × 0,1 = fünf Prozent der Fälle mit einer eigentlich besseren neuen Therapie wird die Studie dies nicht anzeigen. Damit haben wir die zweite Zeile der Tabelle 54 erledigt. Bei der anderen Hälfte der Studien hatten die Forscher nach Pilles Auffassung eine schlechte Idee, und die neue Therapie ist nicht besser. Aber in 2,5 Prozent dieser Fälle wird das Studienergebnis dennoch positiv sein. Bezogen auf alle

Studien in der dritten Zelle ist dies bei 50 % × 0,025 = 1,25 Prozent der Fall.»

«So. Den Rest schaff ich, glaube ich, selber», meint Bettina: «Das Studienergebnis wird demnach in 46,25 Prozent der Fälle positiv ausfallen. In 45 Prozent der Fälle ist die neue Therapie tatsächlich besser, in 1,25 Prozent nicht. Seinen Vorkenntnissen und Erwartungen entsprechend beträgt für meinen Chef folglich die Irrtumswahrscheinlichkeit 1,25/46,25 = 0,027 oder 2,7 Prozent. – Das ist sehr wenig oder zumindest nach allgemeiner Konvention signifikant. Also hat Pille doch Recht, und Radiolewski ist offenbar ein ziemlicher Starrkopf, oder?»

		Ergebnis der Studie	
Realität	Radiolewskis Erwartung	Neue Therapie besser	Neue Therapie nicht besser
Neue Therapie besser	2 %	2 % × 0,9 = 1,8 %	2 % × 0,1 = 0,2 %
Neue Therapie nicht besser	98 %	98 % × 0,025 = 2,45 %	98 % × 0,975 = 95,55 %
Summe	100 %	4,25 %	95,75 %
Irrtumswahrscheinlichkeit:		2,45/4,25 = 0,58 oder 58 %	

Tabelle 55: Der Strahlentherapeut Professor Radiolewski beurteilt eine positive Studie. Annahmen: Signifikanzniveau fünf Prozent; power 90 Prozent; die Wahrscheinlichkeit für eine gute Idee beträgt nach Radiolewskis subjektiver Einschätzung 2 Prozent.

«Immer langsam, die Tabelle gilt individuell für Pille. In der ersten Spalte steht *seine* Erwartung, und auf der haben wir – hat er – aufgebaut. Für Radiolewski sieht die Sache doch ganz anders aus.»

«Ja, stimmt. Radiolewski behauptet, dass die Tumoren bei einer Chemotherapie schnell kleiner werden, was die Internisten dann übereilt als Erfolg werten. Nach einiger Zeit wächst der Tumor aber nach, und die Patienten sind dann wieder in derselben Situation wie vor der Therapie. Er betont immer wieder, dass es darauf ankomme, auch die letzte Tumorzelle zu vernichten. Nach seiner Auffassung würde das mit Chemotherapie nicht gehen – höchstens bei ganz kleinen Metastasen.»

«Was glaubst du – für wie wahrscheinlich hält es Radiolewski, dass die internistischen Onkologen mal eine gute Idee haben?»

«Zwei Prozent», antwortet Bettina, ohne zu zögern.

«Ich hab erwartet, dass wir jetzt lange herumfeilschen oder Radiolewski anrufen oder eine Zahl auslosen, weil wir sonst nicht weiterkämen. – Wie kommst du auf zwei Prozent?»

«Radiolewski hat mal zu Pille gesagt: ‹Da ihr jede Woche ein neues Medikament auf den Markt schmeißt, wundert es sogar mich nicht, wenn dann einmal im Jahr zufällig etwas Brauchbares dabei ist.›»

«Na, das ist doch eine präzis gefühlte Wahrscheinlichkeit. Mit diesen zwei Prozent Wahrscheinlichkeit für eine gute Idee ändert sich einiges an der individuellen Tabelle.» Matthias berechnet Tabelle 55 genauso wie Tabelle 54, nur eben mit Radiolewskis Erwartung in der zweiten Spalte. «Sieh mal, für Radiolewski liegt die Irrtumswahrscheinlichkeit *nach* der Studie bei 58 Prozent.»

«Darum sieht er keinen Grund, von der bewährten Behandlung abzuweichen», stellt Bettina fest. «So starrsinnig ist der Radiolewski gar nicht. Eher ganz vernünftig.»

«Durch die Studie haben sich die Einschätzungen beider Professoren in dieselbe Richtung verändert. Bei Pille ist die Irrtumswahrscheinlichkeit von 50 auf 2,7 Prozent abgesunken, bei Radiolewski von 98 auf 58 Prozent. Für Pille ist es an der Zeit, ein neues Therapiekonzept zu etablieren, während Radiolewski keinen Anlass dazu sieht. Vor dem Hintergrund ihrer jeweiligen Erfahrungen verhalten sich beide sehr vernünftig und konsequent. Hätten sie unserem Gespräch zugehört, wäre das vielleicht eine sehr heilsame Paarberatung auf der Grundlage des Bayes'schen Theorems gewesen.»

19. Das Phantom der Forscher

Weitere grundsätzliche methodische Probleme klinischer Studien

Manche Menschen würden eher sterben als nachdenken.
Und sie tun es auch.
Bertrand Russell

«Radiolewski hatte heute in der Onkologenkonferenz seinen großen Auftritt», berichtet Bettina Matthias.

«Und da er und Pille nicht zur Paarberatung kommen, haben sie sich gestritten, oder?»

«Selbstverständlich. Aber mit einer Beratung wäre niemandem geholfen. Die beiden fühlen sich ohne Streit nicht wohl, und der Unterhaltungswert der Konferenz wäre auch dahin. Radiolewski hat die Ergebnisse seiner erstklassigen Studie vorgestellt, in der zwei Arten von Strahlentherapien verglichen wurden. Und siehe da: Die neue Therapie, die er als seine eigene Idee ansieht, ist viel besser als die alte.»

«Und was war an der Studie so erstklassig?»

«Na, zunächst einmal, dass sie randomisiert war. Das ist sozusagen der Goldstandard der medizinischen Forschung. Da werden die Patienten nach einem Zufallsverfahren auf die zu vergleichenden Behandlungsgruppen verteilt.»

«Man wirft sozusagen eine Münze, um festzulegen, ob jemand diese oder jene Behandlung bekommt, wenn ich dich richtig verstanden habe. Warum macht man das? Lasst doch den Arzt oder den Patienten von Fall zu Fall entscheiden!»

«Wenn man dem Arzt in jedem Einzelfall die Auswahl überlässt, dann kann es passieren, dass beispielsweise Radiolewski die etwas gesünderen Patienten zu seiner neuen Behandlung und die kränkeren zur anderen Therapie sortiert. Das muss übrigens keine böse Absicht sein, sondern kann auch ganz unbewusst geschehen. Forschende Ärzte sind auch nur Menschen. Am Ende sind die Behandlungsgruppen unausgewogen. Und wenn dann die neue Therapie insgesamt besser abschneidet als die alte, dann weiß man nicht, ob es daran liegt, dass sie von vornherein bevorzugt wurde, oder ob sie wirklich besser ist.»

«Und wenn man die Patienten auswählen lässt?», fragt Matthias.

«Dann besteht die Gefahr, dass deren Entscheidung ebenfalls vom Arzt beeinflusst ist. Oder es ist denkbar, dass sich Patienten mit schlechteren Heilungschancen eher für eine der beiden Therapieverfahren entscheiden. Die Gefahr der Unausgewogenheit bestünde also ebenfalls. Eine wirklich unbeeinflusste Verteilung der Patienten kann nur durch ein Zufallsverfahren gewährleistet werden. Für eine unvoreingenommene Beurteilung des jeweiligen Therapieergebnisses ist es sogar wünschenswert, dass weder Arzt noch Patient wissen, welche Therapie jeder einzelne Proband bekommen hat. Natürlich muss jemand die Zuordnung kennen, damit die Studie am Ende auch ausgewertet werden kann. Das sollte eine dritte Person sein, die mit dem ganzen klinischen Geschehen nichts zu tun hat. Dieses Verfahren nennt man verblinden. Manchmal ist das Verblinden aber nicht möglich.»

«Und ich kann mir vorstellen, dass nicht jede Patientin vom Randomisieren angetan ist. Stell dir vor, bei der Behandlung von Mammakarzinomen gäbe es die Alternativen ‹Therapie durch Brustamputation› und ‹Therapie mit Brusterhaltung›. Wer überlässt das schon einem Münzwurf!»

«Lieber Matthias, deine Beispiele sind immer wieder die krassesten. Aber die Studie ist wirklich mal gemacht worden. Du hast Recht. Das ist wirklich ein generelles Problem, und es gibt da zahlreiche ethische Bedenken. Kommt hinzu, dass manche Patienten sich nach der Randomisierung dann doch noch für die andere Behandlung entscheiden. Die bekommen sie dann natürlich auch. Aber das Umschwenken mindert die Qualität der Studie, weil dann doch wieder der Patient entschieden hat.»

«Ich hoffe, die Randomisierung ist nicht das einzige ‹Erstklassige› an Radiolewskis Studie?», fragt Matthias weiter.

«Die Patientenzahl ist ungewöhnlich hoch. Über 1000 Frauen bei jeder Behandlung.»

«Ja. Das sind wirklich ziemlich viele. Jede Patientin trägt dadurch mit etwa einem Promille zum Ergebnis bei. Da kann man schon ziemlich kleine Unterschiede zwischen den Behandlungen feststellen.»

«In vielen Studien werden mal gerade 20 Patienten pro Gruppe eingesetzt. Da ist im Vergleich Radiolewskis Studie schon wirklich gut.»

«... oder die anderen wirklich schlecht», meint Matthias. «In Gruppen von jeweils 20 Patienten trägt jeder Einzelne mit fünf Prozent zum Ergebnis bei. Kleine Unterschiede zwischen den Behandlungen kann man dann gar nicht feststellen. Für aussagekräftige Studien braucht man einfach ungeheuer viele Probanden.»

«Nicht immer», widerspricht Bettina. «Um das Gegenmittel für Skorbut zu finden, genügten zwei mit Zitrusfrüchten erfolgreich behandelte Matrosen. Bei Insulin und Diabetes war es, glaub ich, sogar nur ein einziger Patient.»

«Da ging es um den Unterschied zwischen null und 100 Prozent. Da braucht man auch nur wenige Fälle. Die Effekte, die in der modernen Medizin nachgewiesen werden sollen, sind aber viel geringer.»

«Ja, das stimmt. Neulich hatten wir einen solchen Fall. Die Chirurgen wollten im Rahmen einer Studie zwei OP-Techniken beim Mastdarmkrebs vergleichen. In dem Stadium, um das es dabei ging, beträgt die Fünf-Jahres-Überlebensrate etwa 50 Prozent. Die neue Technik ist aufwendiger und damit teurer, und der Chef meinte, es müssten mindestens 55 Prozent mit der neuen Technik überleben, damit sie sich durchsetzt. Ein Statistiker hat uns dann ausgerechnet, dass wir für die Studie 4000 Patienten benötigt hätten. Damit war das Projekt tot, denn so viele Patienten bekommen wir in vernünftiger Zeit nicht zusammen, obwohl es sich um eine relativ häufige Krebsart handelt.»

«Aber wie bekommt man denn überhaupt so viele Patientinnen zusammen?»

«Endlich fordert mal ein Statistiker nicht nur große Zahlen, sondern fragt sich auch, wie man sie erreichen soll. Es ist in der Tat nicht einfach, dieser Forderung nachzukommen. Im Grunde gibt es vier Wege zu großen Zahlen, und alle haben ihren Haken. Erstens kann man Patienten über lange Zeit ansammeln, zum Beispiel von 1985 bis zum Jahr 2000, und dann alle gemeinsam auswerten.»

«Ich ahne den Haken», fällt Matthias seiner Cousine ins Wort. «In 15 Jahren ändert sich so einiges. Allein in der Diagnostik. Die Röntgengeräte werden immer besser. Die Kernspintomographie kommt hinzu. Die Patienten zu Beginn der Studie kann man mit denen vom Ende gar nicht mehr vergleichen. Die Chemotherapie von heute ist in fünf Jahren vermutlich keinen Pfifferling mehr wert. Und wenn die Studie endlich fertig ist, lassen sich die Ergebnisse auf die dann bestehenden Verhältnisse möglicherweise gar nicht mehr übertragen.»

«Ja, so ist es, deshalb sollte eine Studie nicht viel länger als fünf Jahre dauern. – Der zweite Weg: Mehrere Kliniken schließen sich zusammen. So kommt man in kürzerer Zeit zu vielen Patienten.»

«Lass mich den Haken raten», schlägt Matthias vor. «Eine Klinik in Puerto Rico, eine in Chicago, eine in Paris, die vierte in Neu-Delhi. Gelesen wird die Studie von einem Arzt in Palermo, und der fragt sich verständlicherweise, ob das Ergebnis auch für seine Patientin vom Lande gilt. Und dann gibt es da noch Simpsons Paradox[1], das einem das Gegenteil des wahren Ergebnisses vorgaukeln kann. Ich bin gespannt auf den dritten ‹Weg›.»

«Der besteht darin, dass man die Erkrankung nicht allzu genau spezifiziert. Um ein Beispiel zu nennen: Bei Krebs unterscheidet man verschiedene Tumorstadien. Die sind von T1 bis T4 durchnummeriert und unterscheiden sich zum Teil erheblich in der Prognose. Kleine Tumoren in frühen Stadien lassen sich meist viel aussichtsreicher behandeln als große im Spätstadium. Wenn man das alles in einen Topf wirft, kommt man ebenfalls schneller zu großen Zahlen ...»

«... und zu großem Unsinn. Ich kann mir nicht vorstellen, dass ein erbsenkleiner Tumor dieselbe Behandlung erfordert wie einer, der so groß ist wie eine Pampelmuse.»

«Und so ist es auch», bestätigt Bettina. «Der vierte Weg besteht darin, möglichst alle Patienten aufzunehmen: Weiße, Schwarze, Rote, Gelbe, Alte, Junge, Kinder, Männer, Frauen, Übergewichtige, Raucher, Alkoholiker, Marathonläufer, Linkshänderinnen, Vegetarier, Diabetiker, Magersüchtige – einfach alles. Auch hier muss man sich fragen, für wen das Ergebnis dann eigentlich gültig ist.»

«Lass mich dieses Grauen zusammenfassen. Die meisten Patienten bekommt man zusammen, wenn man außer Acht lässt, wann, wo und damit zum Teil auch wie sie behandelt wurden, welche Erkrankung sie hatten und, wenn es des Weiteren egal ist, was den Patienten sonst noch von anderen Menschen unterscheidet», fasst Matthias zusammen.

---

1 Siehe «Der Hund, der Eier legt» (Beck-Bornholdt und Dubben, 2001), Seite 196.

«Du übertreibst – ein wenig. Aber was soll man tun? Nehmen wir das andere Extrem: nur die Patienten einer Klinik aus den letzten zwölf Monaten, nur Tumorstadium T2, Tumorgröße zwischen Kirsche und Golfball, nur Männer zwischen 40 und 50 Jahren ohne Begleiterkrankungen, ohne dies, ohne das. Verbleibt unterm Strich eine Hand voll Patienten. Und da schreit dann sofort der Statistiker auf und fordert große Zahlen.»

«Wie man's macht, es ist falsch. Das ist ein echtes Dilemma», stellt Matthias fest. «Große Zahlen liefern ein statistisch gesehen genaues Ergebnis, von dem man aber nicht weiß, auf wen es zutrifft. Kleine Zahlen liefern ein statistisch gesehen unbrauchbares Ergebnis, von dem man aber besser weiß, auf wen es zutrifft. Schwer zu entscheiden, welche dieser Arten von Unwissen die nutzlosere ist.»

«Klinische Studien können aber auch sehr nützlich sein», verteidigt Bettina ihren Glauben. «Schließlich und endlich leben die Krebspatienten heute deutlich länger als früher. Wenn das kein Beweis für den medizinischen Fortschritt ist?»

«Was ist dann? Überleg dir die Antwort gut, und lies dann nochmal Kapitel sieben vor 8», schlägt Matthias vor.

Bettina liest, seufzt und schweigt.

«Ich hätte da noch eine Frage», signalisiert Matthias vorsichtig.

«Als wär nicht alles schon schlimm genug. – Also gut. Frag!»

«Radiolewskis neue Therapie hat besser abgeschnitten als die alte. Ich bezweifle, dass man das so generell sagen kann. Was wäre, wenn man bei der alten Behandlung einfach die Dosis erhöht hätte? Dann hätte man mehr Wirkung erzielt, und auf einmal wäre die alte die überlegene Therapie.»

«Ja, vielleicht. Aber wenn man die Dosis erhöht, erhöht man auch das Risiko für Nebenwirkungen. Sieh mal hier.» Bettina greift nach der Zeitung und skizziert auf einer freien Stelle die Abbildung 17.

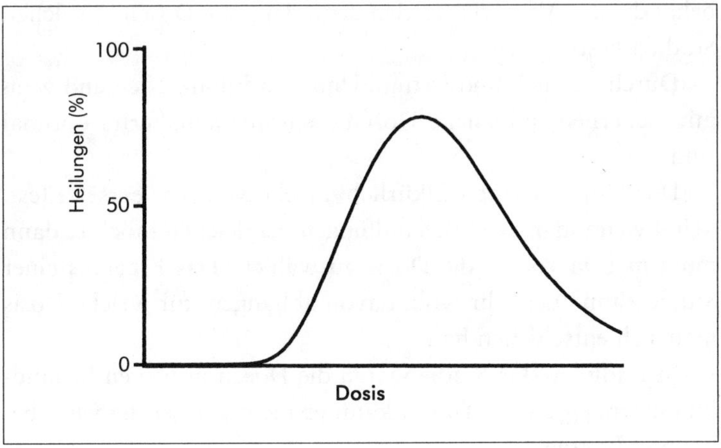

Abbildung 17: Heilungsrate in Abhängigkeit von der angewandten Dosis

«Bei ganz kleinen Dosen hat die Strahlung – oder irgendein Medikament – keine merkliche Wirkung», erklärt Bettina. «Also gibt es auch keine Heilungen. Mit zunehmender Dosis steigt der Prozentsatz der geheilten Patienten zunächst immer weiter an. Bei noch höheren Dosen treten zunehmend starke Nebenwirkungen auf. Die Patienten sind dann zwar ihren Tumor los, müssen aber dafür schwere Komplikationen in Kauf nehmen. Die sind alles andere als harmlos und können sogar lebensbedrohlich sein. Von einer Heilung kann man dann nicht mehr sprechen. Die Heilungsrate sinkt also wieder ab.»

Matthias zeigt auf den obersten Punkt der glockenförmigen Kurve. «Und mit dieser Dosis wird behandelt?»

«Hoffentlich.»

«Wieso nur ‹hoffentlich›?»

«Weil man diese Kurve nicht messen kann. Man müsste mit verschiedenen Dosen zig Patienten behandeln. Das ist gerade bei kleinen und großen Dosen ethisch gar nicht vertretbar.»

«Ja, klar! Man müsste ja viele Patienten bewusst suboptimal

behandeln. – Aber wie werden denn dann die Dosen in solchen Studien bestimmt?»

«Durch Versuch und Irrtum. Und ‹Tradition›. Niemand weiß mit Sicherheit, ob solche Dosen auch nur annähernd optimal sind.»

«Das klingt ja sehr willkürlich», stellt Matthias entsetzt fest. «Und wenn man zwei Behandlungen vergleichen möchte, dann muss man ja vorher die Dosis auswählen. Das Ergebnis einer Studie kann aber sehr wohl davon abhängen, für welche Dosis man sich entschieden hat.»

«In Radiolewskis Studie waren die Dosen in beiden Behandlungsgruppen gleich. Daran kann es nicht gelegen haben», behauptet Bettina.

«Doch, doch, kann es sehr wohl. Schau her.»

Matthias zeichnet eine zweite gestrichelte Linie in die Abbildung (siehe Abbildung 18).

«In der Studie wurden zwei Strahlenbehandlungen miteinander verglichen. Nehmen wir einmal an, dass die Heilungskurven so aussehen wie in dieser Abbildung. Jetzt stellen wir uns

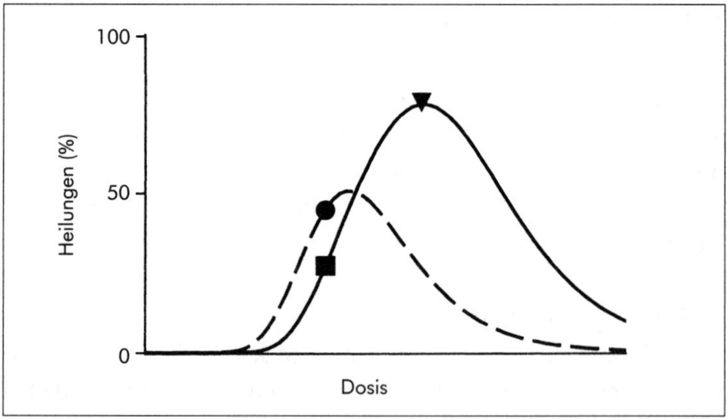

Abbildung 18: Fiktiver Vergleich zweier Behandlungen

mal vor, dass die Studienleitung sich entschließt, bei der Behandlung mit der gestrichelten Linie diese Dosis zu geben.» Matthias malt den schwarzen Kreis auf die gestrichelte Kurve. «Dann entspricht das einer Heilungsrate von etwa 45 Prozent.»

«Das wäre sogar ziemlich optimal», sagt Bettina. «Besser geht es mit dieser Behandlung kaum.»

«So. Und jetzt hängt alles davon ab, welche Dosis für die andere Behandlung gewählt wird.» Matthias zeichnet das schwarze Quadrat auf die durchgezogene Kurve. «Bei dieser Dosis wird man eine Heilungsrate von ungefähr 25 Prozent finden ...»

«... und daraus schließen, dass die gestrichelte Behandlung besser ist.»

«Richtig! Wenn man aber eine höhere Dosis wählt, nämlich diese hier» – Matthias malt das schwarze Dreieck auf die durchgezogene Kurve –, «dann ist auf einmal die durchgezogene Behandlung besser, weil man eine Heilungsrate von ungefähr 80 Prozent hat.»

«Das Ergebnis hängt ja vollständig von der willkürlich gewählten Dosis ab!», stellt Bettina erstaunt fest. «Aber trotzdem werden alle sagen, die tolle randomisierte Studie von Soundso hat über allen Zweifel erhaben gezeigt, dass und so weiter ...»

«Vielleicht sehe ich ja zu schwarz», räumt Matthias ein. «Diejenigen, die die Studie planen und durchführen, sind doch sicherlich Experten auf dem Gebiet.»

«Ja, aber die Heilungskurven kennen sie trotzdem nicht – wie gesagt, man kann sie nicht messen. Außerdem wird sich zukünftig in immer stärkerem Maße zeigen, dass Expertenwissen nicht mehr gefragt ist. Die sich selbst so nennende *Evidence Based Medicine*, die jetzt zunehmend in Mode kommt, steht auf dem Standpunkt, dass die Meinung von Experten nicht viel wert sei. Es komme lediglich auf die Ergebnisse sauber durchgeführter randomisierter Studien an. Auch wenn das dem einen oder anderen vernünftig erscheint – es ist paradox. Diese Studien sind ja gerade von den Experten erdacht worden. Und sollten sie auch, wie du gerade festgestellt hast.»

«Liebe Bettina, euer Goldstandard erscheint mir wirklich etwas närrisch. Wie Thomas in Kapitel 17 festgestellt hat, sind Studien und Statistik ohnehin überflüssig, wenn die Experten so gut sind, wie sie glauben. Die Evidenz-Blasierten wollen vernünftige Studien und zu diesem Zweck die Experten abschaffen, die aber zur vernünftigen Planung unerlässlich sind. Niemand kann garantieren, dass die Studien bei optimalen Dosen durchgeführt werden. Deshalb gelten die Ergebnisse nur für die verwendeten Dosen. Führt man eine kleine Studie durch, erhält man ein ungenaues Ergebnis für ein klar umschriebenes Problem. Führt man eine große Studie durch, ist das Ergebnis genau, aber man weiß nicht, wofür es gilt. Bitte sag mir doch: Was kann man mit medizinischen Studien machen?»

«Karriere», antwortet Bettina nachdenklich. «Auf Kosten anderer nach Puerto Rico fahren. Sich wichtig vorkommen, solange man nicht hinter die Kulissen des faulen Zaubers geschaut hat. Und sich ziemlich schlecht fühlen, wenn man nicht mehr an das Studien-Voodoo glaubt. Ich fange an, Thomas zu verstehen, wenn er verkündet, er will eine Pommesbude aufmachen.»

Teil 3 in Kürze

Keine (übertriebene) Angst vor positiven Testergebnissen! Es kann viel wichtiger sein, wie alt ein Patient ist beziehungsweise welcher Risikogruppe er angehört. Vorsorgeuntersuchungen: ja oder nein? Die Antwort hängt ebenfalls vom Patienten ab. Und von den Risiken, die mit der Untersuchung und etwaigen nachfolgenden Tests verbunden sind. Doktor Thomas Vielgut kennt sich aus und berät seine Familie in Kapitel 15.

«Was heißt hier eigentlich ‹statistisch signifikant›, und was ist der p-Wert?», will Bettina wissen und bekommt von Matthias die schonungslose Antwort: «Es ist nicht, was du denkst, und der p-Wert ist nicht *die* Irrtumswahrscheinlichkeit!» Bettina zieht es vor, Matthias' Antwort zu ignorieren. Die «statistisch signifikanten» Ergebnisse sind zwar weitgehend sinnlos, aber sie fördern die Medizinerkarriere. Was soll's, macht doch jeder so. Die Menge macht's, nicht die Qualität!

Ähnlich wie Hartmut und Matthias sich darüber stritten, wie der Beschuss der chinesischen Botschaft in Belgrad zu deuten ist, geraten Internist Pille und Strahlentherapeut Radiolewski aneinander. Sie lesen dieselbe Studie, interpretieren sie beide vernünftig und kommen trotzdem zu unterschiedlichen Schlussfolgerungen – weil sie mit unterschiedlichen Vor-Urteilen an die Ergebnisse herangehen. Das Gute daran: Beide haben am Ende dazugelernt, weil sie nicht auf ihrem Vor-Urteil beharren.

Große randomisierte Studien sind der Goldstandard der modernen medizinischen Forschung!? «Eher das Phantom der Forschung. Grundsätzlich steckt selbst in den besten Studien viel Willkür. Und am Ende kann man noch nicht einmal sagen, auf welchen Patienten das Ergebnis zutrifft», resümieren Bettina und Matthias.

Teil 4
Am Ende ein neuer Anfang

Eine Studie bringt Information, mit der man nachher schlauer ist als vorher. Um wie viel, werden wir hier erfahren. Und wir lernen eine neue Finanzstrategie kennen: Geld sparen durch Raten; noch mehr sparen durch qualifiziertes Raten. Thomas' Mutter Alma hat eine Strategie, wie man zu den besten Tomaten kommt. Matthias macht daraus einen Algorithmus, mit dem man zu den besten Therapieergebnissen kommt. Ein Ersatz für randomisierte Studien!?

Wahre Worte sind nicht angenehm,
angenehme Worte sind nicht wahr.
Laotse

20. Hinterher ist man immer schlauer – aber um wie viel?

Das Maß dafür heißt Informationsertrag oder *likelihood ratio*.

Mut ist oft Mangel an Einsicht,
während Feigheit nicht selten
auf guten Informationen beruht.
Peter Ustinov

In diesem Kapitel werden die bisher betrachteten Geschichten und Ereignisse zusammengefasst und miteinander verglichen. Wir werden sehen, dass man hinterher immer schlauer ist – das ist nicht neu – und dass man ausrechnen kann, um wie viel man schlauer ist.

Welche Wette wäre Professor Pille im vorletzten Kapitel eingegangen, dass die Chemotherapie in dem geschilderten Fall besser ist als die Strahlentherapie – und zwar vor der Studie? Er räumte der Chemotherapie von vornherein eine Wahrscheinlichkeit von 50 Prozent ein, die überlegene Behandlung zu sein. Diese Wahrscheinlichkeit kann man auch als Chance ausdrücken. Für die Chemotherapie steht nach Professor Pilles Einschätzung die Chance 50:50. Diese Schreibweise ist für das Wetten übersichtlicher als die Angabe der Wahrscheinlichkeit. Pille würde eine Kiste Champagner wetten, dass die Chemotherapie gewinnt, wenn jemand eine Kiste Champagner dagegen setzt und der Gewinner der Wette die Summe, also beide Kisten, einstreicht. Für die Chance 1:1 wäre dies eine faire Wette. Professor Radiolewski hat eine andere Sicht der Dinge. Er räumt der Chemotherapie von vornherein nur eine Wahrscheinlichkeit von zwei Prozent ein, entsprechend einer Chance von 2:98 = 1:49. Für Radiolewski wäre die Wette fair, wenn er eine Kiste Champagner auf die Chemotherapie setzte und jemand mit 49 Kisten dagegenhielte. Um Pille zu ärgern, könnte Radiolewski folgende Wette anbieten: «Ich setze 49 Kisten Champagner, dass die Chemotherapie verliert. Setzt du eine Kiste dagegen?»

Dies waren die Chancen aus Pilles und Radiolewskis Sicht vor der Studie. Durch die Studie haben beide eine Information dazugewonnen, die ihre Einschätzung der Wettchance verändert. Es ist genauso wie beim Pferderennen. Die Information, dass Rosinante lahmt, verändert ihre Chance auf Sieg, und die Zocker, die davon erfahren haben, werden anders wetten als diejenigen, die nicht über diese Information verfügen. Wie wir der Tabelle 54 entnehmen können, schätzt Professor Pille die Chance, dass die Chemotherapie besser ist, *nach* Lesen der Studie auf 45:1,25 ein. Seine Erwartung hat sich um den Faktor (45:1,25)/(1:1) = 36/1 = 36 verändert. Diese Zahl, der Quotient aus der Chance *nachher* geteilt durch die Chance *vorher*, ist der Informationsertrag oder die *likelihood ratio*, wie es im neudeutschen Fachjargon heißt. Das Vor-Urteil, multipliziert mit dem Informationsertrag, ergibt das (Nach-)Urteil. Professor Radiolewski änderte seine Einschätzung von 2:98 in 1,8:2,45 (Tabelle 55), das heißt um genau denselben Faktor (1,8:2,45)/(2:98) = 0,735/0,0204 = 36.

Dass Pille und Radiolewski ihre Einschätzung der Chance um denselben Faktor ändern, liegt daran, dass sie dieselbe zusätzliche Information erhalten, nämlich die Ergebnisse der Studie. Das ist der Informationsertrag, der aus dem Vor-Urteil das Nach-Urteil macht.[1]

---

1 Man kann zeigen, dass der Informationsertrag *(likelihood ratio)* für klinische Studien der Quotient aus *power* und dem halben Signifikanzniveau ist, also herkömmlicherweise *power*/0,025. Eine Studie mit einer *power* von 90 Prozent und einem

Wir haben in diesem Buch Beispiele zusammengetragen, die zeigen, dass das Vor-Urteil, basierend auf entsprechenden Vor-Informationen, einen entscheidenden Einfluss auf die Irrtumswahrscheinlichkeit unserer Schlussfolgerung hat. Zusätzlich hängt die Irrtumswahrscheinlichkeit vom Informationsertrag der Beobachtung ab. Einige diagnostische Tests in der Medizin sind präziser als andere. Einige Indizien sind aussagekräftiger als andere, und auch bei klinischen Studien gibt es erhebliche Unterschiede hinsichtlich der Aussagekraft. Wie sehen unsere Geschichten unter dem Blickwinkel des Informationsertrages aus?

Wenn Thomas einen blauen Golf erblickt, dann könnte Marina darin sitzen. In der Innenstadt beträgt die Chance dafür 1:999 (vergleiche Tabelle 1). Begegnet ihm der blaue Golf in seiner Sackgasse, dann verschiebt sich die Chance für Marina am Steuer auf 99:1 um den Faktor (99:1)/(1:999) = 98 901. Die Information, wo sich Thomas befindet, ist extrem wichtig für die Einschätzung dieser Chance. Der Informationsertrag der Beobachtung «blauer Golf» ist nicht unerheblich – denn es gibt für Thomas keinen Grund, aufs Geratewohl einen grünen Twingo zu grüßen –, aber noch zu gering. Ganz anders beim Feuerwehrauto mit der Aufschrift «Paulchen». Wegen seiner Einmaligkeit ist es ein totaler Informationsgewinn. Immer sitzt Andreas in ihm und nie jemand anderes, wo auch immer Paulchen umherfährt. Die Wahrscheinlichkeit, dann Andreas anzutreffen, ist immer 100 Prozent. Die Chance ist in diesem Fall unendlich groß. Sie beträgt 1:0.

Signifikanzniveau von fünf Prozent hat einen Informationsertrag von 90/(1/2 x 5) = 90/2,5 = 36. Mit einer power von 50 Prozent, was eher das Übliche ist, beträgt der Informationsertrag nur 50/2,5 = 20. Für Labortests ist der Informationsertrag übrigens gleich dem Quotienten aus Sensitivität/(1-Spezifität).

In Syldenna beträgt die Chance, ein blaues Taxi zu sehen, wenn man ein Taxi sieht, 5 : 25 (Tabelle 4). Wenn Thomas ein blaues Taxi gesehen zu haben glaubt, dann steigt die Chance für «Blau» auf 4 : 5. Thomas steuert zur Klärung des Falls den Informationsertrag (4 : 5)/(5 : 25) = 4 bei. Er erkennt bei Vollmond ein blaues Taxi in 80 Prozent der Fälle korrekt als blau (richtig positiv). Leider erscheinen ihm aber auch 20 Prozent der grünen Taxis als blau (falsch positiv). Die Division dieser Anteile ergibt 80/20 = 4. Diese Zahl ist genauso groß wie der gerade berechnete Informationsertrag. Das ist kein Zufall, denn diese Division ist dasselbe wie der komplizierte Text in der Fußnote 1 auf Seite 228.

Wenn Thomas beim Angeln in Syldavien zum Spezialköder greift, verändert er seine Chance auf Leckerellen. Bei neutralem Köder und gleicher Häufigkeit von Leckerellen und Ekelitzen beträgt die Chance 1 : 1 (vergleiche Tabelle 9). Mit Spezialköder steigt sie auf 20 : 1 (Tabelle 7). Der Informationsertrag, den wir in diesem Fall wohl besser Chancenverbesserung nennen, beläuft sich auf (20 : 1)/(1 : 1) = 20. Wenn im Fluss auf zwei Leckerellen 20 Ekelitzen kommen (Tabelle 8), dann beträgt die Chance auf eine Leckerelle am Haken 2 : 1 und die Chancenverbesserung (2 : 1)/(2 : 20) = 20 wie bei dem anderen Fischbestand. Sie ist davon unabhängig, wie viele Fische welcher Art sich in dem fraglichen Flussabschnitt befinden. Der Faktor 20 ist einzig eine Eigenschaft des Köders. Auch hier kann man diese Zahl erhalten, indem man die «richtig Positiven» (100 Prozent der Leckerellen beißen) dividiert durch die «falsch Positiven» (fünf Prozent der Ekelitzen beißen): 100/5 = 20. Der Neutralköder bringt keine Chancenverbesserung ein, denn mit ihm entspricht die Chance, eine Leckerelle am Haken zu haben, immer genau der Zusammensetzung des Fischbestandes. Der Informationsertrag ist in diesem Fall gleich eins. – Haben Sie null erwartet? Die Vorinformation wird mit eins multipliziert und bleibt somit unverändert, was der Wirkung von «keine neue Information» entspricht. – Hätte Thomas einen Spezialköder benutzt, bei dem alle Leckerellen, aber nicht eine einzige Ekelitze anbeißt, dann hätte er einen unendlich großen Informationsgewinn gehabt. Immer, wenn ein Fisch an der Angel ruckelt, ist es eine Leckerelle. Mit Sicherheit.

In der Tabelle 56 sind die Informationserträge der in diesem Buch geschilderten Ereignisse nach Größe sortiert zusammengetragen. Wenn Mario nicht zur verabredeten Zeit erscheint, steigt die Chance, dass er in einen schweren Unfall verwickelt ist, von 1:700 000 auf 1:350 000 um den Faktor 2. Dieser Faktor ist typisch für Mario. Dividieren der richtig Positiven (= 100 Prozent, denn immer, wenn Mario einen schweren Unfall hat, wird er nicht pünktlich sein) durch die falsch Positiven (= 50 Prozent, denn Mario verspätet sich jedes zweite Mal sowieso) ergibt 100/50 = 2. Der akkurate Hartmut hingegen hält eine Verabredung ohne schweren Unfall nur in einem Prozent der Fälle nicht ein. Der Umstand «Hartmut hat sich erheblich verspätet» hat daher den Informationsgehalt 100/1 = 100 und ist 50fach informativer als die Aussage «Mario hat sich verspätet». Darum darf Celina auch 50-mal aufgeregter sein als Marina (wenn Celina und Marina das gleiche Gemüt haben und man einen linearen Zusammenhang zwischen Informationsgehalt und Aufregung annimmt).

Im Kapitel 007 ändern Matthias und Hartmut aufgrund ihrer lückenhaften Informationen über Geheimdienstmachenschaften ihre Meinung um den Faktor 100/2 = 50 (vergleiche Tabelle 20 und 21). Fast den gleichen Informationsgehalt hat Zsa Zsa Zeckes Aussage, dass der Täter ein Mann war. Mit 98-prozentiger Sicherheit bei der Geschlechtererkennung kommen bei ihr auf 98 richtige Männer zwei falsche, macht ausdividiert 98/2 = 49. Mit 999 «Punkten» war demgegenüber Gesa Gutentags Aussage, dass der Täter einen Ring trug, wesentlich gehaltvoller, sprich belastender und – da die Aussage gar nicht den Täter betraf – entsprechend verwirrend.

Wir hatten bei der ersten Betrachtung des Mordfalls nicht beachtet, dass die Aussage auch unwahr sein kann. Dies sollte man auch dann im Blick haben, wenn man Indizien für «todsicher» hält, weil sie auf einer sehr zuverlässigen Methode beruhen, wie beispielsweise dem genetischen Fingerabdruck. Die gentechnische Methode an sich sagt ja nichts darüber aus, wie das Untersuchungsmaterial an den Tatort gelangte: Fährte oder Finte. Vor genau diesem Hintergrund ermahnt Vera Priori ihre Klienten, peinlichst genau darauf zu achten, nirgends genetische Fingerabdrücke zu hinterlassen: «In einem Tröpfchen Speichel sind Tausende von Zellen. Darum verbleiben selbst an Zigarettenkippen genug davon, um sie Ihnen eindeutig zuordnen zu

Aussage, Ereignis	Informationsertrag *(likelihood ratio)*
Gewaltsamer Tod der Frau eines Schlägers	4:1/12:12 000 = 4000
Täter von Lavados trägt einen Ring	999/1 = 999
Hartmut verspätet sich erheblich	100/1 = 100
Beschuss der chinesischen Botschaft in Belgrad	100/2 = 50
Der Täter von Lavados ist ein Mann	98/2 = 49
Klinische Studie (absolute Spitzenqualität)[2]	**90/2,5 = 36**
Hartmuts erste Eiche	50/2 = 25
Thomas' Spezialköder	100/5 = 20
Vorsorgeuntersuchung Mastdarmkrebs	50/3 = 16,7
Zeugenaussage zum Steinwurf	**100/9,6 = 10,4**
Wettervorhersage für Spaziergang in Bordurien	83/17 = 4,9
Thomas' blaues Taxi	80/20 = 4
Mario verspätet sich erheblich	100/50 = 2
Regenwurm als Köder	1/1 = 1

Tabelle 56: Informationsertrag der Aussagen und Ereignisse in diesem Buch

2 Angenommen wurde eine *power* von 90 Prozent.

können.» Husten Sie nicht in dieses Buch! Wer weiß, wo es eines Tages aufgefunden wird.[3]

Unser Informationsspitzenreiter ist das Ableben der Ehefrau eines Schlägers. Nach Dershowitz beträgt die Chance, dass ein schlagender Ehemann zum Gattinnenmörder wird, 1:1000. Daraus ergibt sich eine Chance von 4:1, dass er es tatsächlich wurde, wenn die Frau ermordet aufgefunden wird. Der Informationsgehalt des Fundes beträgt (4:1)/(1:1000) = 4000. Schlechte Zeiten für Schläger.

Die Aussage des Steinwurf-Zeugen ist mit (99:86)/(10:90) = 10,4 erstaunlicherweise weniger belastend für den derartig «Identifizierten» als das Ableben der ersten Eiche für Hartmut. Der Eichentod hat einen Informationsgehalt von 50/2 = 25. Bemerkenswert ist auch, dass die Steinwurf-Aussage zwar informativer ist als der Wetterbericht von Bordurien, aber weniger aussagt als der Mastdarmkrebstest, den jeder vernünftige Arzt mit weiteren unabhängigen Untersuchungen wiederholen beziehungsweise überprüfen wird. Die Vorsorgeuntersuchung für Mastdarmkrebs verschiebt die Chance, erkrankt zu sein, um einen Faktor 50/3 = 16,7 (vergleiche Tabelle 40).

In der medizinischen Forschung gilt eine Studie mit einer *power* von 90 Prozent und einem Signifikanzniveau von fünf Prozent als ein Spitzenprodukt. Ihr Informationsgehalt[4] beträgt 90/2,5 = 36, also weniger als das, was der Beschuss der chinesischen Botschaft zur Einschätzung der CIA-Aktivitäten beisteuert. Klinische Studien, die tatsächlich eine *power* von 90 Prozent erreichen, sind eher die Ausnahme. Ein Informationsertrag von 36

3 Wir haben bereits einen DNA-Shredder erfunden. Wer vermarktet ihn für uns? Seriöse Angebote bitte an die Autoren dieses Buches.

4 Weshalb hier durch 2,5 und nicht durch 5 dividiert wird, können Sie auf Seite 197 nachlesen.

dürfte daher die Obergrenze dessen sein, was man von einer Studie erwarten kann.

Bei welcher Chance man nach der Beobachtung ankommt, hängt davon ab, wo man gestartet ist. Der Optimist Pille ließ sich überzeugen, denn aufgrund seines Startwertes von 1:1 schätzt er nach der Studie die Chance, dass Chemotherapie besser ist, auf 36:1 (Tabelle 57). Pessimist Radiolewski, der bei 2:98 startet, ist erst bei 72:98 angekommen und damit noch lange nicht überzeugt. Durch Wiederholung der Studie würden sich, sollte sich das erste Ergebnis bestätigen, die Chancen erneut um einen Faktor 36 verschieben. Pille wäre dann wohl restlos begeistert: 1296:1 für die Chemotherapie. Und Radiolewski sollte nach der zweiten Studie überzeugter sein als Pille nach der ersten: 54:1 für Chemo. Pille und Radiolewski trennt lediglich der Informationsertrag einer einzigen Studie. Weitere Wiederholungen würden jedes Mal einen weiteren Faktor 36 einspielen (Tabelle 57), vorausgesetzt, dass stets das Ergebnis der ersten Studie bestätigt wird. Im Prinzip kann so die Chance beliebig erhöht werden. In der Realität ist es aber bereits schwierig, die zweite Studie durchzuführen. Auf die Gründe haben wir in Kapitel 17 hingewiesen.

Einem positiven Test sollten immer weitere unabhängige Tests folgen, um die Chance einer Fehldiagnose zu reduzieren. Dies ist in der Medizin auch so üblich, während sich zum Beispiel in der Rechtsprechung das Prinzip des Reproduzierens nicht anwenden lässt. Eine einzige tote Eiche sagt nichts. Einmal ist keinmal. Wie will man das reproduzieren? Man kann auch eine Demonstration nicht wiederholen und aufpassen, ob der Angeklagte wieder mit einem Stein wirft. Ebenso wenig ist es möglich, O. J. Simpsons Ehe zu wiederholen. Die Rechtsprechung muss Einzelfälle interpretieren.

Bei Pille und Radiolewski haben wir besonders deutlich gesehen, dass das Urteil vom Informationsertrag und vom Vor-Ur-

Chance	Pille	Radiolewski
Vor den Studien («Startwert»)	50:50 = 1	2:98 = 0,02
Nach der 1. Studie (× 36)	36:1	72:98
Nach der 2. Studie (× 36 × 36)	1296:1	≈ 26:1
Nach der 3. Studie (× 36 × 36 × 36)	46 656:1	≈ 952:1
Nach der 4. Studie (× 36 × 36 × 36 × 36)	1 679 616:1	≈ 34 278:1

Tabelle 57: Chance, dass die neue Therapie der alten überlegen ist, nach mehreren Studienwiederholungen (*power* = 90 Prozent, Signifikanzniveau = fünf Prozent).

teil abhängt. Dies hat Konsequenzen, die zunächst vielleicht kurios erscheinen.

Kain Mainung ist ein an Wissenschaft interessierter vorurteilsfreier Laie, der die von Pille so geschätzte Studie und dieses Buch bis hierher gelesen hat, aber von Onkologie rein gar nichts versteht. Die Lektüre der Studie hat ihm denselben Informationsertrag gebracht wie Pille und Radiolewski (nämlich einen Faktor 36), aber er kann zu keiner Einschätzung der Chancen gelangen (weil er nichts hat, was er mit 36 multiplizieren kann). Er erfährt lediglich, dass es ein Indiz zugunsten der Chemotherapie gibt. Ohne Vor-Urteil kann er aber nicht zu einem Urteil gelangen. Kein Urteil ohne Vor-Urteil. Ein Urteil ist die Korrektur eines ursprünglichen Standpunktes aufgrund von Information. Im Gegensatz zum umgangssprachlichen Gebrauch ist ein Vor-Urteil also keine Schande, sondern Notwendigkeit. Dumm ist es allerdings, Information vollständig zu ignorieren beziehungsweise den eigenen Standpunkt über alles zu stellen. Derart verfährt Herr Schoi-Klappe. Der hat es bereits mit der Muttermilch aufgesogen, dass die Chemie und sämtliche Varianten dieser Wissenschaft Teufelswerk sind. Seine Vorstellung von Chemotherapie ist entsprechend konsequent und eindeutig: Die Chance, dass sie etwas Gutes bewirkt, ist in seinen Augen exakt null. Da nützt auch eine einwandfreie Studie mit einem Informationsertrag von 36 nichts. Mit null multipliziert bleibt es bei null. Herr Schoi-Klappe wird nichts dazulernen, egal, wie viel Information man ihm liefert. Er ist ein Dogmatiker und der Einzige, der auch hinterher keinen Deut schlauer ist. Ein Gespräch mit Herrn Schoi-Klappe ist sinnlos (es sei denn, er vertritt Ihre Meinung).

21. Chancenungleichheit für alle

Wie Vorkenntnisse auch bei scheinbar reinen Zufallsentscheidungen zu einer Verbesserung der Chancen genutzt werden können. Wie man auch ohne jede Vorkenntnis durch bloßes Raten die Chancen erhöhen kann. Der Vorteil guter Marktkenntnisse.

Seitdem man begonnen hat,
die einfachsten Behauptungen zu beweisen,
erweisen sich viele von ihnen als falsch.
Bertrand Russell

«Sieh mal, Hartmut, das ist genau so ein Goldkettchen, wie ich es in Bodrum schon mal gesehen hatte. Du weißt, Alma hat übermorgen Geburtstag. Und diesmal lass ich mir die Gelegenheit nicht wieder entgehen.» Celina ist froh, kurz vor der Abreise doch noch ein schönes Geschenk gefunden zu haben. In zwei Stunden geht ihr Flug von Istanbul zurück nach Hamburg.

«Du willst doch nicht hier im Basar von Istanbul eine Goldkette kaufen. Die kriegst du am Flughafen viel günstiger», stöhnt Hartmut. «Dieser Basar ist doch nur dazu da, den Touristen das Fell über die Ohren zu ziehen. Hast du irgendwo feilschen gelernt? Nein! Hier ziehst du immer den Kürzeren.»

«Am Flughafen günstiger? Denk nur mal an den teuren Kaffee auf dem Hamburger Flughafen, über den du dich so aufgeregt hast!»

«Jetzt sind wir aber in Istanbul», stellt Hartmut fest.

«Vielleicht gibt es diese Ketten gar nicht am Flughafen, und dies ist die letzte Gelegenheit.»

«Das kann man doch rauskriegen. Ich frage mal den Verkäufer.» Hartmut nimmt eine der Ketten in die Hand und fragt. «Du wissen gibt Flughafen?»

«Aber selbstverständlich gibt es in Istanbul einen Flughafen», antwortet der Verkäufer. «Darf ich Ihnen sonst noch irgendwie behilflich sein?»

«O ja», übernimmt Celina das Kommando. «Wir möchten wissen, ob es diese Ketten auch am Flughafen gibt und ob sie dort oder hier bei Ihnen billiger sind. Das ist eigentlich schon alles.»

«Die gibt es garantiert auch am Flughafen. Es sind ganz besonders schöne Goldketten. Deshalb gibt es davon so viele.»

«Und was kosten sie bei Ihnen?»

«Ich weiß, dass deutsche Touristen es nicht gewohnt sind, Preise auszuhandeln. Deshalb mache ich Ihnen einen fairen unverhandelbaren Festpreis von 40 Millionen TRL. Darunter würde ich zuzahlen müssen.»

«Und was kostet so eine Kette am Flughafen?»

«Würde ich sagen, sie sei am Flughafen billiger, würden Sie nicht glauben, dass ich hier im Basar noch lange einen Stand haben werde. Würde ich sagen, sie sei am Flughafen teurer, würden Sie mir nicht glauben, weil ich hier im Basar einen Stand habe.»

«Sagte ich doch, hier ziehst du immer den Kürzeren. Außerdem kostete die Kette in Bodrum nur 35 Millionen, wenn ich mich recht entsinne», kommentiert Hartmut das Gespräch.

«Jetzt wissen wir immerhin, dass es die Ketten auch am Flughafen gibt. Wir müssen uns nur noch entscheiden, wo wir zuschlagen. Ich bin für hier. Der nette Verkäufer hat uns auch schon ein gutes Angebot gemacht.»

«Der nette Verkäufer! Dunkle Haare, dunkle Augen … schon ist der Verstand dahin. Mehr als 35 Millionen ist das Ding nicht wert. Ich mache folgendes Angebot: Du darfst die Kette kaufen, und ich entscheide, wo!»

«Deine dünnen Haare, die blauen Augen ... und sooo großzügig. – Also gut: Flughafen.»

Am Flughafen kostet die Kette 50 Millionen TRL.

Wochen später erzählt Hartmut die Geschichte Matthias.

«Ihr habt völlig richtig gehandelt. Dadurch waren die Chancen, das billigere Angebot zu bekommen, deutlich höher als 50:50», meint Matthias. «Allerdings hast du einen Fehler gemacht. Du hast falsch geschätzt. Die 35 Millionen aus Bodrum hast du falsch in Erinnerung, oder vielleicht ist in Flughäfen *und* Großstadtbasaren alles etwas teurer.»

«Die Chancen standen 50:50. Entweder Basar oder Flughafen. Was soll das mit meiner Schätzung zu tun haben?», wehrt Hartmut ab.

Matthias legt los: «Bei zwei Alternativen ohne jede Vorkenntnis stehen die Chancen natürlich 50:50. Hier gab es aber eine Vorinformation, nämlich den Preis aus Bodrum. Damit hat Hartmut den Wert der Kette geschätzt. Wenn man es sich zur Regel macht, beim ersten Angebot auf jeden Fall und nur dann zuzuschlagen, wenn der Preis unter dem Schätzwert liegt, kann man in drei Situationen geraten:

1. Basar- und Flughafenpreis liegen *über* dem Schätzwert – so wie bei euch in Istanbul. Ihr kauft der Regel zufolge nicht im Basar. Die Chance, dass das spätere Angebot im Flughafen günstiger ist, beträgt dann 50:50.
2. Basar- und Flughafenpreis liegen *unter* dem Schätzwert. Der Regel zufolge hättet ihr im Basar eingekauft. Die Chance, dass dies das günstigere Angebot war, ist wieder 50:50.
3. Der Schätzwert liegt *zwischen* den beiden Preisen. In diesem Fall wird man immer das günstigere Angebot erwischen. Wenn das erste billiger ist als der Schätzwert, wird man zuschlagen. Wenn das erste teurer ist als der Schätzwert, wird man es ablehnen und dadurch das zweite, billigere erwerben.

Insgesamt hat man also mehr als eine Fifty-fifty-Chance, das Billigere zu erwischen, wenn man einen Schätzwert zugrunde legt und das erste Angebot ablehnt, falls es teurer ist. – Und genau das habt ihr gemacht.»

Hartmut fühlt sich geschmeichelt, denn im Prinzip hat er sich richtig verhalten. Da kann er es sich verzeihen, dass er den Preis falsch eingeschätzt hat.

«Die Strategie ist natürlich umso wirksamer, je besser man informiert ist», ergänzt Matthias. «Je realistischer die Schätzung, desto größer die Wahrscheinlichkeit, dass sie zwischen den Preisen liegt. Und wenn man das schafft, erwischt man in dieser Situation garantiert das günstigere Angebot.»

«Marktkenntnis ist Bargeld», bestätigt Hartmut und weiß jetzt, warum.

22. Zopf oder Kahl?

Der informationstheoretische Deal. Eine mögliche Alternative zu den konventionellen randomisierten klinischen Studien: die Never-change-a-winning-team-Strategie mit Lernalgorithmus.

Ich habe einen ganz einfachen Geschmack:
einfach immer nur das Beste.
Oscar Wilde

«Mir ist schlecht», jammert Thomas.

«Ach komm, nur noch 200 Meter an der frischen Luft, und wir sind bei Alma und Alfred und kriegen endlich mal was Richtiges zu essen», sagt Matthias. «Vergiss einfach für heute den ganzen Statistik-Kram.»

«Den würd ich gern für länger vergessen, aber wie soll ich denn morgen arbeiten? Ich kann doch keinen einzigen Patienten vernünftig behandeln! Ich weiß doch überhaupt nicht mehr, was richtig ist und was falsch.»

«Du weißt offenbar auch nicht, dass morgen Sonntag ist.» Matthias ist manchmal ausgesprochen einfühlsam.

«Ich hab mein ärztliches Handeln danach ausgerichtet, was in klinischen Studien steht, und nun weiß ich, dass man aus klinischen Studien nicht so richtig was lernen kann. – Und du machst blöde Witze. – Wäre ich bloß nie nach Syldavien gefahren. Mit diesen Fischen und Taxis ging die Misere los ...»

«Lieber aus Dummheit glücklich als durch Unglück schlau? Willst du auch lieber das Elend ignorieren wie alle anderen? Außerdem kannst du dich nicht nur beklagen. Erstens hast du Vera kennen gelernt ...»

«… für mich bisher das einzig wirklich Gute an diesem Buch …», redet Thomas dazwischen.

«… und wir beide sind jetzt so frei, über ungewöhnliche statistikfreie Forschungsmethoden nachzudenken. Eine Lösung des Problems liegt in der Luft. Ich spüre es.»

«Was spürst du?»

«Na ja. Wer in dieser Straße hat Ahnung von Statistik? Fast niemand. Und sie leben trotzdem alle. Der kleine Max von nebenan … was hat der alles gelernt mit seinen sechs Jahren! Ohne jegliche Statistik. Es gibt jede Menge Optimierungsverfahren …»

«Wenn zwei Therapien 20 beziehungsweise 40 Prozent Erfolgsrate haben, dann muss man mindestens 160 Patienten behandeln. Sonst hat man kaum eine vernünftige Chance, diesen Unterschied in einer Studie festzustellen.[1] Daran führt in der medizinischen Forschung nichts vorbei, wenn man etwas dazulernen will», rekapituliert Thomas. «Das hat uns gerade neulich ein Statistiker ausgerechnet. Optimal ist es, wenn die Patienten eins zu eins verteilt sind, also 80 Patienten die eine und 80 Patienten die andere Therapie bekommen. Und wenn ich dann am Ende der Studie weiß, welche Therapie die bessere ist, dann weiß ich im Nachhinein auch, welche 80 Patienten ich suboptimal behandelt habe.»

«Und dann gehst du zum hunderteinundsechzigsten Patienten und sagst: Lieber Patient, ich habe da eine Therapie mit 40 Prozent Erfolgsquote, wobei es aus statistischen Gründen aber auch etwas mehr oder weniger sein könnte?»

«Nein, nicht ganz so. Der Patient will die derzeit optimale Behandlung seiner Krankheit, und ich will sie ihm bieten. Darauf kommt es an. Deshalb bin ich Arzt geworden», antwortet Thomas.

---

1 Wie man das ausrechnet, ist ausführlich im Kapitel «Im Nebel nach Überseh» in unserem Buch «Der Hund, der Eier legt» beschrieben.

«Das ist ein ganz anderer Aspekt. – Wir sind da. Hallo, Alma, hallo, Alfred, lasst uns rein. Wir verhungern!»

Wie üblich versammeln sich alle in der Küche. Dort hat Alma nicht nur den Braten unter Kontrolle, sondern auch die ganze Familie. Thomas' Aufmerksamkeit verlagert sich von klinischen Studien auf das Gemüse, das für das Abendessen bereitliegt. Das ist schon erstaunlich. Bei Alma gibt es fast immer erstklassige Tomaten, die tatsächlich nach Tomaten schmecken. Auch alles andere Gemüse ist meist besser als das, was Thomas in seiner Junggesellenküche beherbergt.

«Sag mal, Mütterchen, wir beide kaufen auf demselben Markt ein, ich habe von dir gelernt, wie man Tomaten aussucht …»

«… diese neumodischen Tomaten sehen doch alle gleich aus und fühlen sich alle gleich an. Man weiß wirklich nicht mehr, was man da kauft und ob so eine Tomate am nächsten Tag nur noch ein nasser Sack ist», fügt Alma hinzu.

«Ja eben, und trotzdem sind deine Tomaten um Längen besser als meine. Fast immer. Wie machst du das?»

«Das ist ganz einfach, mein Sohn. Wenn mir ein Händler gute Tomaten verkauft hat, gehe ich das nächste Mal wieder zu ihm. Wenn nicht, gehe ich zu einem anderen, und mit dem verfahre ich genauso.»

«Eine Lösung des Problems liegt in der Luft, ich ahnte es», orakelt Matthias erneut. Es ist einer seiner letzten Sätze an diesem Abend, und nach knapp zwei Stunden verlässt er die illustre Runde mit Kopfschmerzen.

«Nein, nicht so richtige Kopfschmerzen», wehrt Matthias am nächsten Tag Thomas' Frage ab. «Nachdem Alma unser Problem gelöst hatte, konnte ich einfach nicht mehr lange still sitzen. Du erinnerst dich, wie Alma Tomaten einkauft. Ich hab die Sache systematisch aufgerollt …»

«Wer oder was ist hier gelöst, und was haben Almas Tomaten mit klinischen Studien zu tun?» Thomas beginnt an Matthias' Verstand zu zweifeln.

«Lass uns ein Beispiel betrachten», schlägt Matthias vor. «Du bist Hausarzt und lässt dich in einem Ort nieder, in dem du dich nicht auskennst. Einige deiner Patienten benötigen einen operativen Eingriff, für den du sie an einen Chirurgen überweisen musst.»

«Aber ich bin doch selber Chirurg!»

«Standesdünkel ist jetzt nicht nötig. Es ist doch nur ein Beispiel. Du hast zwei Alternativen. In dem einen Nachbarort gibt es den Chirurgen Zopf, in dem anderen den Chirurgen Kahl. Doktor Zopf hat 90 Prozent Erfolgsrate, Doktor Kahl nur zehn Prozent. Das weißt du aber nicht. Also: Was tust du?»

«Ich sitze in deiner Küche und trinke Kaffee.»

«Mann! Dir muss es wirklich schlecht gehen. In meinem Beispiel, meine ich. Was tust du?»

Thomas versucht sich zu konzentrieren. «Was ich mit dem ersten Patienten mache, der einen chirurgischen Eingriff braucht?»

«Ja.»

«Na ja – ich schicke ihn halt zu einem von den beiden. Vielleicht zu dem, der näher ist.»

«Und welche Erfolgschance hat dieser erste Patient?»

«Die Mitte von zehn und 90, also 50 Prozent.»

«Stimmt. So! Und wohin schickst du den zweiten Patienten?»

Thomas denkt nach: «Also, wenn ich wissen will, welche Erfolgsraten die beiden haben, dann sollte ich eine Studie machen. Ich würde randomisieren, zu Deutsch: eine Münze werfen. Zopf bei Kopf, Kahl bei Zahl.»

«Sprach der in den forschenden Arzt eingepflanzte Statistiker», kommentiert Matthias. «Und was würde deine Mutter tun?»

«Wenn der erste Patient erfolgreich operiert wurde, dann schickt sie den nächsten wieder zu ihm. Wenn nicht, dann nicht. Bei erfolgloser Behandlung überweist sie den nächsten zu dem anderen, und mit dem verfährt sie genauso. – Und wenn ich es mir richtig überlege ... wenn ich keine Studie machen müsste, würde ich es als vernünftiger Arzt auf die gleiche Weise machen, wie Muttern Tomaten kauft. Aber was ist daran so aufregend?»

«Dass es die Lösung der Misere ist!», antwortet Matthias. «Wenn du dich so verhältst, hat dein zweiter Patient bereits eine Erfolgschance von 82 Prozent.»

«82 Prozent? Unmöglich!»

«Doch! Ich habe gestern Abend die Tabelle 58 aufgestellt. Ich nenne das Verfahren *Almas Tomaten-Algorithmus* oder die *Never-change-a-winning-team-Strategie*[2]. In der ersten Zeile haben die beiden Chirurgen Zopf und Kahl ihr Praxisschild aufgehängt. Freundlicherweise haben sie ihre jeweiligen Erfolgsraten mit angegeben. In der zweiten Zeile steht, mit welcher Wahrscheinlichkeit du deinen ersten Patienten wo hinschickst. Weil du ja überhaupt keine Vorinformation hast, ist die Wahrscheinlichkeit jeweils 50 Prozent. In der nächsten Zeile steht, wie die Geschichte für den ersten Patienten ausgeht: 90 Prozent der Patienten, die du zu Zopf geschickt hast, werden erfolgreich behandelt, das sind also 0,50 × 0,90 = 0,45 oder 45 Prozent. Bei zehn Prozent der Patienten, die du an Zopf überweist, gibt es einen Misserfolg. Das sind fünf Prozent von allen deinen Patienten. Beim Chirurgen Kahl ist alles genau umgekehrt.»

«Okay, so weit hab ich's.»

---

2 Den Algorithmus haben wir erfunden. Aber es gab ihn schon – wie alles, was wir uns bisher ausgedacht haben. Er ähnelt der von M. Zelen 1969 erdachten *play-the-winnerrule*.

	DR. ZOPF CHIRURG 90 % Erfolgsrate		**DR. KAHL CHIRURG** 10 % Erfolgsrate	
Wohin schickt Thomas den ersten Patienten (Münzwurf)?	50 %		50 %	
Ergebnis der Behandlung des ersten Patienten	**Erfolg 45 %**	Misserfolg 5 %	Misserfolg 45 %	**Erfolg 5 %**
Konsequenz	Zweiter Patient zu Zopf	Zweiter Patient zu Kahl	Zweiter Patient zu Zopf	Zweiter Patient zu Kahl
Wohin schickt Thomas den zweiten Patienten?	90 %		10 %	
Ergebnis der Behandlung des zweiten Patienten	**Erfolg 81 %**	Misserfolg 9 %	Misserfolg 9 %	**Erfolg 1 %**
Konsequenz	Dritter Patient zu Zopf	Dritter Patient zu Kahl	Dritter Patient zu Zopf	Dritter Patient zu Kahl
Wohin schickt Thomas den dritten Patienten?	90 %			10 %

Tabelle 58: Almas Tomaten-Algorithmus im Einsatz als Never-change-a-winning-team-Strategie im Alltag eines niedergelassenen Arztes

«Die nächste Zeile zeigt die Konsequenzen des jeweiligen Ergebnisses. Bei einem erfolgreich behandelten ersten Patienten schickst du den zweiten wieder zu demselben Chirurgen. Du wechselst nur bei einem Fehlschlag. Also werden 90 Prozent deiner zweiten Patienten von Zopf behandelt, nämlich seine eigenen 45 Prozent Erfolge vom ersten Mal plus die 45 Prozent Misserfolge von Kahl. Der bekommt auf diese Weise nur zehn Prozent deiner zweiten Patienten. In der nächsten Zeile steht, wie die Geschichte für die zweiten Patienten ausgeht. 90 Prozent der Patienten, die du zu Zopf geschickt hast, werden erfolgreich behandelt. Das sind 0,90 × 0,90 = 0,81 oder 81 Prozent. Bei zehn Prozent der Patienten, die du an Zopf überweist, misslingt die Therapie. Das sind neun Prozent von allen zweiten Patienten. Bei Kahl geht die Behandlung bei 90 Prozent der Patienten daneben. Da er aber nur zehn Prozent deiner Patienten zu sehen bekommen hat, schlägt das nicht so zu Buche wie beim ersten Mal. Beim zweiten Mal sind es nur 0,10 × 0,90 = 0,09 oder neun Prozent. Ein Prozent deiner zweiten Patienten wird bei Kahl erfolgreich behandelt. Bei ihm geht ja nicht alles schief. Dieses eine Prozent plus die 81 von Zopf machen zusammen 82 Prozent. Das ist die Wahrscheinlichkeit dafür, dass dein zweiter Patient in der geschilderten Situation eine erfolgreiche Behandlung erhält.»

«Einfach genial! – Genial einfach!» Thomas kann es kaum fassen. «Hätte ich nur mehr auf meine Mutter gehört.»

«Noch hat das Ganze einen Haken. Wenn du einfach immer nach einem Misserfolg wechselst, dann bleibt die Erfolgsrate bei 82 Prozent stehen. Das sieht man in Tabelle 58 daran, dass die dritten Patienten genauso zugewiesen werden wie die zweiten. Der Never-change-a-winning-team-Algorithmus lernt nicht dazu.»

«Kann man da nicht so was wie das Lernen einbauen? Es müsste mit der Zeit doch auffallen, dass bei Kahl fast alles danebengeht und bei Zopf fast alles klappt.»

Matthias nickt: «Das kann man einbauen, und das hab ich auch bereits getan, als du noch ...»

«Ich weiß, du rettest die Menschheit, und ich denke nur an mein Vergnügen», ergänzt Thomas. «Los, erzähl weiter!»

«Beim ersten Fehlschlag wird wie gehabt bedingungslos zum zweiten Chirurgen gewechselt. Wenn dort ein Fehlschlag eintritt, dann ist es sinnvoll, sich vor der nächsten Entscheidung alle bis dahin vorliegenden Ergebnisse anzusehen und die momentanen Erfolgsraten zu bestimmen. Aus diesen beiden Erfolgsraten berechnet man dann eine Wechselwahrscheinlichkeit[3]. Um die Entscheidung entsprechend der berechneten Wechselwahrscheinlichkeit zu fällen, benötigt der überweisende Arzt einen Zufallsgenerator, den er in seinem Computer findet. Der dritte Patient hat mit meinem Lernalgorithmus bereits 85 Prozent Erfolgschance, der sechste 86 Prozent und der achte Patient 87 Prozent. Schau mal, hier ist die dazugehörige Abbildung 19.»

«Das ist ja irre. Diese 87 Prozent sind in der Praxis von den idealen 90 Prozent bei ausschließlicher Überweisung zum besseren Chirurgen praktisch nicht mehr zu unterscheiden. Das bedeutet doch, dass spätestens der achte Patient so gut wie optimal behandelt wird!» Thomas ist ganz aus dem Häuschen.

---

3 Die Wechselwahrscheinlichkeit von Chirurg Zopf zu Chirurg Kahl ist

$$\alpha = \frac{\beta}{\beta + 1/\beta}, \text{ wobei } \beta \text{ gegeben ist durch die Formel:}$$

$$\beta = \left(\frac{\text{Erfolgsrate Chirurg Zopf} + 0{,}28}{\text{Erfolgsrate Chirurg Kahl} + 0{,}28}\right)^{\text{Anzahl der bislang erfolgten Wechsel}}$$

Dies ist natürlich nicht der einzig mögliche Algorithmus, sondern nur ein Beispiel. Diesen Lernalgorithmus haben wir uns auch ganz allein ausgedacht. Aber den gibt es sicherlich auch schon lange. Wir wissen es nur noch nicht.

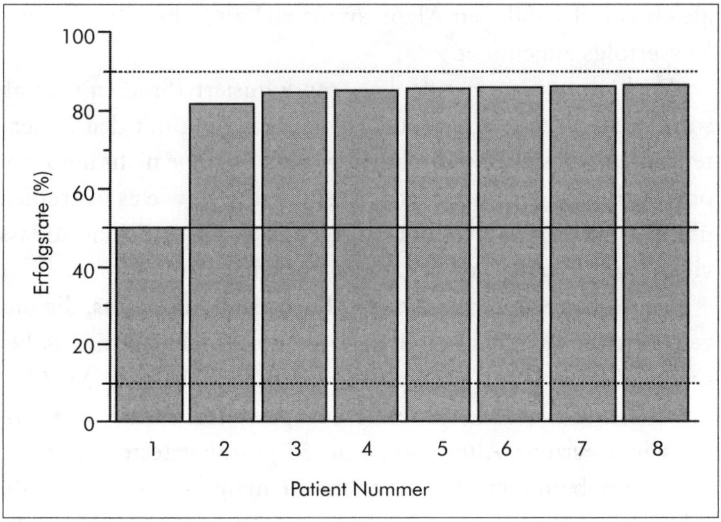

Abbildung 19: Erfolgsrate mit lernfähigem Algorithmus. Dem überweisenden Arzt stehen zwei Chirurgen mit ihm unbekannten Erfolgsraten von 90 beziehungsweise zehn Prozent (gestrichelte Linien) zur Verfügung. Bereits der zweite Patient hat eine Erfolgswahrscheinlichkeit von 82 Prozent, der achte eine von 87 Prozent. Eine randomisierte Studie hätte für alle Patienten eine Erfolgsrate von 50 Prozent erbracht (durchgezogene Linie).

«Und du, lieber Thomas, wolltest vor fünf Seiten noch eine randomisierte Studie machen. Du hättest die Hälfte deiner Patienten zu einem miserablen Chirurgen geschickt. Die mittlere Erfolgsrate würde 50 Prozent betragen, und zwar so lange, wie die Studie läuft. Hättest du sie nach der gängigen Statistik geplant, dann hättest du mindestens zehn Patienten in deine Studie aufnehmen müssen, damit dir eine vernünftige Chance bliebe, den Unterschied zwischen Zopf und Kahl mit der Studie auch nachzuweisen. Du hättest eine Wahrscheinlichkeit von 20 Prozent gehabt, den Unterschied trotz allem zu übersehen, und auch wenn du ihn entdeckst, hast du neun Patienten ein im Vergleich zum lernfähigen Algorithmus viel zu hohes Risiko eines Misserfolgs zugemutet.»

«Da könnte man fast denken, randomisierte Studien sind ab sofort unethisch ... aber halt. Deine Rechnung mit den Patientenzahlen stimmt nicht. Nehmen wir an, es ginge nicht um Zopf oder Kahl, sondern um Medikament A und B, wie es in Studien üblich ist. Dann kann ich mein Ergebnis veröffentlichen, sodass viele Ärzte Bescheid wissen, nicht nur ich.»

«Erstens haben wir bereits 250 Buchseiten hinter uns, die uns zeigen, dass auch statistisch signifikante Ergebnisse nichts besagen. Zweitens ein nicht gerade exotisches Beispiel: Medikament A und B wurden in einer europaweiten Studie an Krankenschwestern im Alter von 20 bis 55 Jahren getestet. A wurde für besser befunden. Dein Patient ist männlich, 63 Jahre alt, zehn Kilo Übergewicht, Raucher, der Vater ist Schwede, die Mutter Portugiesin. Trifft das Studienergebnis auf deinen Patienten zu?»

«Weiß ich nicht ...»

«Dein Algorithmus läuft in deiner Praxis, mit den Daten deiner Patienten für deine Patienten. Ganz individuell. Das Problem der Übertragbarkeit besteht allenfalls in sehr viel geringerem Maße.»

«Ich muss dazu die Behandlungsergebnisse meiner früheren Patienten lückenlos kennen. Das macht ganz schön viel Arbeit.»

«Also hör mal! Musst du das bei einer Studie nicht?»

«Stimmt. Aber jeder einzelne Arzt muss dann eine akribische Nachsorge betreiben, nicht nur die Ärzte, die an einer Studie teilnehmen. Die Nachsorge wäre viel wichtiger als heute. Weil man daraus ja sein ganzes Wissen zieht. – ... – Eigentlich entspricht dein Verfahren dem, was ein guter Arzt mit seiner Intuition vielleicht ohnehin tut.»

Matthias nickt bedächtig. «Das kann gut sein. Aber ein Algorithmus macht derartige Entscheidungen nachvollziehbar. Und er hat keine Launen. Auch ein guter Arzt hat mal einen schlechten Tag.»

«Außerdem ermöglicht das Verfahren weniger guten Ärzten, denen möglicherweise die ärztliche Intuition fehlt, ihre Patienten ebenso effektiv zu behandeln wie ein guter Arzt. – Du hast ein sehr extremes Beispiel gewählt mit Zopf und Kahl. Im Allgemeinen geht es bei uns um viel kleinere Unterschiede.»

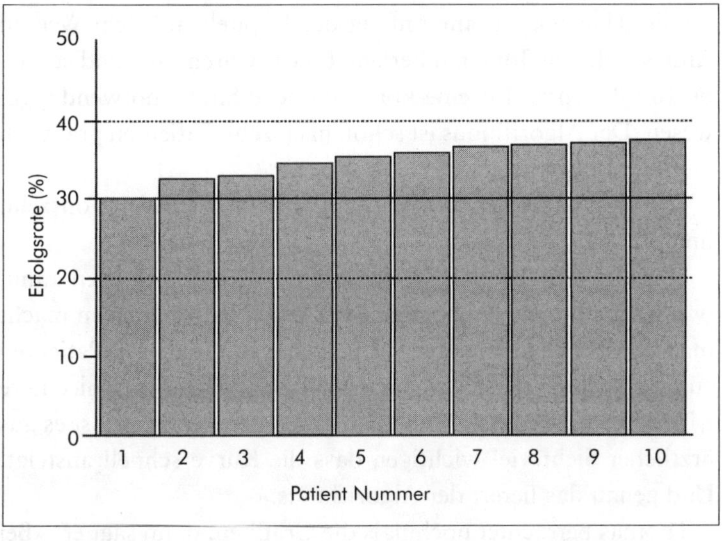

Abbildung 20: Erfolgsrate mit lernfähigem Algorithmus. Dem überweisenden Arzt stehen zwei Chirurgen mit ihm unbekannten Erfolgsraten von 40 beziehungsweise 20 Prozent (gestrichelte Linien) zur Verfügung. Der zweite Patient hat 32,3 Prozent Erfolgswahrscheinlichkeit, der zehnte 37,4 Prozent. Eine randomisierte Studie hätte für alle Patienten eine Erfolgsrate von 30 Prozent erbracht (durchgezogene Linie).

«Für solche Fälle habe ich auch schon etwas ausgerechnet. Der Lernalgorithmus leistet auch da gute Dienste. Sieh dir mal die Abbildung 20 an. Es ist alles genauso gerechnet wie zuvor.»

«Ah ja, ich sehe. Diesmal liegen die Erfolgsraten bei 20 und 40 Prozent. Der erste Patient wird wieder zufällig überwiesen und hat damit eine Erfolgswahrscheinlichkeit von 30 Prozent, das ist die Mitte zwischen 20 und 40 Prozent. Schon der zweite Patient profitiert vom Algorithmus.»

«Genau, er hat 32,3 Prozent Erfolgswahrscheinlichkeit und der zehnte bereits 37,4 Prozent.»

«Was hätte eine randomisierte Studie in diesem Fall eingebracht?»

«Eine mittlere Erfolgsrate von 30 Prozent für die Dauer der Studie. Und wie du am Anfang des Kapitels auf dem Weg zu Almas leckeren Tomaten berichtet hast, wären sage und schreibe 160 Patienten für eine konventionelle Studie notwendig gewesen. Der Algorithmus ist schon nach zehn Patienten praktisch beim Optimum angelangt.»

«Die Kurve ist deutlich flacher als beim Vergleich von zehn und 90.»

«Ja, klar. Der Bereich, in dem sich die Kurve bewegen kann, wird ja auch immer schmaler. Bei kleinen Unterschieden macht man eben auch keinen großen Fehler, wenn man den Patienten zum schlechteren Chirurgen schickt oder ihm das schlechtere Medikament verpasst. Wenn der Unterschied groß ist, ist es aus ärztlicher Sicht viel wichtiger, dass die Kurve schnell ansteigt. Und genau das liefert der Algorithmus.»

Thomas betrachtet nochmals die Grafiken, dann sagt er: «Bei allem, was du bisher gerechnet hast, geht es darum, zwischen zwei Alternativen auszuwählen: zwei Chirurgen, zwei Medikamente, zwei Therapien. Aber man benötigt auch Studien, mit denen man zunächst einmal nur die nötige Dosis eines Medikaments bestimmt. Geht das auch mit deinem Algorithmus?»

«Ja, man kann mit Algorithmen sehr gut und ebenfalls mit sehr wenigen Patienten die optimale Dosis eines Medikaments bestimmen, das heißt die Dosis mit möglichst großer Wirkung und gleichzeitig möglichst geringen Nebenwirkungen. Man kann ferner zwischen zwei Medikamenten mit frei wählbarer

Dosis optimieren. Es funktioniert sogar in dem Fall, dass die Informationen über den Erfolg an bereits behandelten Patienten nicht vollständig vorliegen, wenn der nächste Patient behandelt werden muss. – Aber jetzt zitiere ich doch lieber Vera: Vielleicht schreib ich mal ein Buch darüber, aber nicht mehr in diesem Kapitel. Das ist schon schwierig genug.»

Teil 4 in Kürze

Ob Mord, ob Studie oder Taxi: Um wie viel man hinterher schlauer ist, lässt sich in einer einzigen Zahl, dem Informationsertrag, ausdrücken. Wie schlau man danach insgesamt ist, hängt natürlich davon ab, wie schlau man vorher war. *Ohne* Vor-Urteil und mit starrem Vor-Urteil steht man allerdings auch nachher dumm da.

Celinas und Hartmuts Goldkettchen-Episode zeigt, wie durch bloßes Raten die Chance auf einen günstigen Einkauf verbessert werden kann. Ersetzt man Raten durch Vorkenntnis, dann stehen die Chancen noch besser.

Berücksichtigt man alle Vorkenntnisse, die man im Laufe einer klinischen Studie bis zum x-ten Patienten gewonnen hat, für die Therapie des nächsten Patienten, dann haben alle Patienten eine bessere Chance auf Heilung als in herkömmlichen Studien. Das klingt kompliziert, ist aber so einfach wie Almas Strategie beim Tomatenkauf.

Nachwort

Wer es könnte
die Welt
hochwerfen
dass der Wind
hindurchfährt.
Hilde Domin

Der Grundgedanke dieses Buches stammt von Reverend Thomas Bayes (1702–1761) und wurde 1763 postum veröffentlicht. Vielleicht hatte Bayes die Wahrscheinlichkeit, dass sein Manuskript im 18. Jahrhundert verstanden werden könnte, so niedrig eingeschätzt, dass er es vorzog, im Wald von Kent spazieren zu gehen, statt das fertig gestellte Manuskript, das man später in seinem Nachlass fand, zu publizieren.

Wir hoffen, dass die Bereitschaft, sich mit Bayes' Gedanken auseinander zu setzen, im letzten Vierteljahrtausend zugenommen hat, und glauben, dass wir eine gute Chance haben mit unserem Vorhaben, das Bayes'sche Theorem unter das Volk zu bringen. Aber letztendlich kann auch mit diesem Lehrsatz das Grundproblem der klinischen Forschung mittels randomisierter Studien nicht gelöst werden: Die Wahrscheinlichkeit für gute Ideen ist und bleibt leider eine große Unbekannte. Und auch die inhärenten methodischen Probleme randomisierter Studien bleiben weiterhin bestehen.

Wir sind der Überzeugung, dass die Statistik, zumindest so, wie sie heute angewandt wird, eine Sackgasse für die Forschung ist. Die hier vorgestellte lernfähige Never-change-a-winning-team-Strategie ist vielleicht ein Weg aus der Sackgasse – und hoffentlich nicht der einzige.

Ideen und Anregungen sind uns sehr willkommen. Vielleicht sehen Sie andere Lösungen oder Ansätze?

Bitte schreiben Sie uns: Institut für Allgemeinmedizin, Universitätsklinikum Hamburg-Eppendorf, 20246 Hamburg; E-Mail: bebo@uke.uni-hamburg.de oder dubben@uke.uni-hamburg.de.

Bleiben Sie gesund – und achten Sie auf Ihre Kippen.

Dank

Für wertvolle kritische Anmerkungen, sachdienliche Hinweise und ermunternde Worte danken wir herzlichst: Prof. Dr. Michael Baumann, Gertrud Beck, Dr. Jürgen Beeck, Prof. Dr. Jürgen Berger, Nick und Riko Bornholdt, Dr. Horst Ebhardt, Renate Erb, Dr. Dieter Flesch-Janys, Sigrid und Martin Hennig, Prof. Dr. Horst Jung, Horst Leps, Dr. Peter Lock, Prof. Dr. Ingrid Mühlhauser, Dr. Annette Raabe, Prof. Dr. Volker Rudat und Thilo Warnick.

Wir danken allen Lesern vorheriger Auflagen, die uns auf Fehler aufmerksam gemacht haben. Leider können wir hier nur diejenigen nennen, die uns jeweils erstmals auf eine Ungereimtheit hingewiesen haben: Dr. Heinz-Dieter Böcker, Dr. Berthold Musselmann, Helmut Knopp, Prof. Dr. Heinz-Uwe Küenle, Kai Petersen, Dr.-Ing. Götz Schwantke, Hans R. Lunow.

Literaturverzeichnis

Altman, D. G.: The scandal of poor medical research. *British Medical Journal* 1994, 308, S. 283–284.

Bayes, T.: An essay towards solving a problem in the doctrine of chances. Postum von John Canton in den Jahren 1763 und 1764 in den *Philosophical Transactions of the Royal Society of London* (Band 53, S. 376–399, und Band 54, S. 298 bis 310) veröffentlicht. Eine deutsche Übersetzung wurde im Jahre 1908 von H. E. Timerding im Verlag von Wilhelm Engelmann (Leipzig) herausgegeben.

Beck-Bornholdt, H.-P., Dubben, H.-H.: Der Hund, der Eier legt. Erkennen von Fehlinformation durch Querdenken. Rowohlt Taschenbuch Verlag, Reinbek, Neuausgabe 2001.

Beck-Bornholdt, H.-P., Dubben, H.-H.: Was ist p und warum ausgerechnet 0,05? *Medizinische Klinik* 94 (Supplement II), 1999, S. 3 f.

Bruss, F. T.: Der Ungewissheit ein Schnippchen schlagen. *Spektrum der Wissenschaft,* Juni 2000, S. 106 f.

Cohen, J.: The earth is round ($p < 0.05$). *American Psychologist* 49, 1994, S. 997 bis 1003.

Dörner, D.: Die Logik des Misslingens. Strategisches Denken in komplexen Situationen. Rowohlt Taschenbuch Verlag, Reinbek 1989.

Dubben, H.-H., Beck-Bornholdt, H.-P.: Was ist power und warum ausgerechnet 80 %? *Medizinische Klinik* 94 (Supplement II), 1999, S. 5–7.

Furberg, B., Furberg, C.: All that glitters is not gold. Dr. Potata, 400 Arbor Road, Winston-Salem, NC 27104, 1994.

Good, I. J.: When batterer turns murderer. *Nature* 375, 1995, S. 541.

Haefs, G.: Kein Freibier für Matzbach. Goldmann, München 1996.

Hergé (alias Georges Rémi): Tim und Struppi: König Ottokars Zepter. Carlsen Verlag, Hamburg 1992. Die Urfassung erschien 1938/39 in *Le Petit Vingtième*.

Kürzinger, J.: Gewaltkriminalität. In: Kaiser, G., Kerner, H.-J., Sack, F., Schnellhoss, H. (Hg.): Kleines kriminologisches Wörterbuch, 2. Auflage, C. F. Müller Juristischer Verlag, Heidelberg 1985, S. 148.

Matthews, R. A. J.: Base-rate errors and rain forecasts. *Nature* 382, 1996, S. 766.

Neyman, J., Pearson, E.: On the problem of the most efficient tests of statistical hypotheses. *Philosophical Transactions of the Royal Society of London A*, 231, 1933, S. 289–337.

Saarländisches Krebsregister; Herr Dr. D. Flesch-Janys war so freundlich, uns aus dem Datensatz des Saarländischen Krebsregisters die entsprechenden Inzidenzen herauszusuchen.

Sessar, K.: Tötungskriminalität. In: Kaiser, G., Kerner, H.-J., Sack, F., Schnellhoss, H. (Hg.): Kleines kriminologisches Wörterbuch, 2. Auflage, C. F. Müller Juristischer Verlag, Heidelberg 1985, S. 492.

Shewhart, W. A.: Statistical method from the viewpoint of quality control. Ursprünglich erschienen bei der Graduate School of the Department of Agriculture, 1939. Wiederaufgelegt durch W. Edwards Deming, Toronto 1986.

Sterne, J. A. C., Smith, G. D.: Sifting the evidence – what's wrong with significance tests? *British Medical Journal* 322, 2001, S. 226–231.

Thomas, L.: Labor und Diagnose. Indikation und Bewertung von Laborbefunden für die medizinische Diagnostik, 4. Auflage, Die Medizinische Verlagsgesellschaft, Marburg 1992.

Towler, B. P., Irwig, L., Glasziou, P., Weller, D., Kewenter, J.: Screening for colorectal cancer using the faecal occult blood

test, Hemoccult (Cochrane Review). In: The Cochrane Library, Issue 4, 1999, Oxford: Update Software.
Valentin, K.: Auszug aus «Theater in der Vorstadt», zwischen 1910 und 1918 entstanden. Das Beste von Karl Valentin, herausgegeben von Elisabeth Velt, Piper, München 1998.
Zelen, M.: Play-the-winner rule and the controlled clinical trial. *J. Amer. Statist. Assoc.* 64, 1969, S. 131–146.

Register

Roger-Pol Droit

Was Sachen mit uns machen

Philosophische Erfahrungen mit Alltagsdingen

Haben Sie schon bemerkt, dass ein Schlüsselbund von Liebe sprechen kann? Wussten Sie, dass eine Waschmaschine mitunter von Seelenwanderung erzählt und der Einkaufswagen von der Verwirrung der Gefühle? Schauen Sie sich um! Sie sind nicht nur von menschlichen Wesen umgeben. Heute gibt es mehr Dinge auf der Welt als jemals zuvor. Im gleichen Maße, wie sie sich vermehren, nehmen wir sie nicht mehr wahr. Darum: Machen Sie philosophische Erfahrungen mit den Dingen des Alltags, erleben Sie die Revolution des Staubsaugers! Mit Aufmerksamkeit, einem gewissen Humor und etwas Verrücktheit werden Sie einen Weg entdecken, die Welt mit neuen Augen zu sehen!

224 Seiten, gebunden